【美】马丁·加德纳◎著

楼一鸣◎译

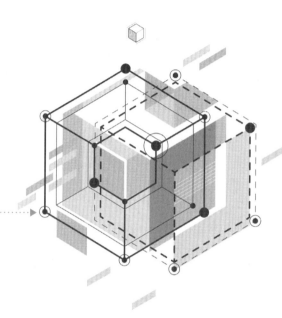

Magic Stars
& Hypercubes
Mathematical Carnival

幻星
与超立方体

上海科技教育出版社

图书在版编目(CIP)数据

幻星与超立方体/(美)马丁·加德纳著;楼一鸣译.
—上海:上海科技教育出版社,2020.7(2024.7重印)
(马丁·加德纳数学游戏全集)
ISBN 978-7-5428-7238-8

Ⅰ.①幻… Ⅱ.①马… ②楼… Ⅲ.①数学—
青少年读物 Ⅳ.①O1-49

中国版本图书馆CIP数据核字(2020)第041648号

目　录

序

　　加德纳是一位了不起的人物。他最为人熟悉的身份,是《科学美国人》数学游戏专栏多年的作者。每个月成千上万的杂志读者会迫不及待地翻到加德纳的专栏,找寻趣味数学世界有什么新鲜事。无论他是在叙述矩阵博士的诙谐趣事,还是对一些近期的研究给出一个旁征博引的阐述,这些文章的风格总是那么平易近人,简明易懂。

　　我有幸几次去到加德纳以前在纽约哈德孙河畔黑斯廷斯村的房子里,拜访他和他的妻子夏洛特。欢乐的时光大多用在了欧几里得大道上的那座房子的顶层,那是加德纳的书斋。里面充满了各种谜题、游戏、机械玩具、科学趣题,以及许多其他有趣的物件,完全像是个巫师的老巢。这倒不是不恰当,马丁正是一个观察敏锐的业余魔术师,拥有许多魔术书籍,当然了,也有一套鲍姆(L. Frank Baum)所撰写的奥兹国系列书。他的其他书也同样有趣。还有什么地方你可以随意从书架上拿下一本书来,然后发现,这完全是一本小说,里面却没有用到字母"e"呢?

　　不要就此下结论说,加德纳他就是一个彻头彻尾的怪人。事实上,他是一位极为理性的人,对于骗局、骗子或者任何类型的骗术毫不留情。他撰写了多篇文章,揭露各种骗局,并且还有一本佳作《打着科学名义的风潮与谬论》(*Fads and Fallacies in the Name of Science*),其中你可以读到许多如今仍然盛行一时的谬论。那本书,尽管笔调很轻松,却是经过谨慎研究的作品,一如他所有的作品一样。事实上,他是一位学问渊博的人,拥有芝加哥大学的哲学学位,并且写下了关于这么多论题的著作,这几乎令人难以置信,特别是像他这样一位安静而谦虚的人。

在加德纳的书斋里,令我最感兴趣的是那个文件柜。加德纳定期给一群人写信,这些人中有专业的数学家,也有热情的业余爱好者。无论他们创作了什么样的数学项目,都会被插入到精心排列、加上索引的文件柜里,其中也包含许多3.5英寸软磁盘,与他的《科学美国人》专栏以任何方式相关的任何事物的描述都会被记录在上面。

加德纳的专栏常常谈论的是其他人的作品。也许是委内瑞拉的一个在校女生X小姐,写信给他探讨一个从她的朋友那里听来的问题。看一遍这个文件柜,可能会有一篇来自于Z大学Y教授的研究论文,探讨的是类似的问题。加德纳会写信给Y教授,讨论X小姐的问题,或许一两个月以后,会出现一篇专栏文章,对这个问题给出一个比Y教授更为简单的解释。

加德纳一直声称,他并不是数学家,这也正是他能够如此明白地对外行解释数学的原因。他发掘了不少趣味数学的优美文章,从而影响了这么多的非数学家,间接的影响更多。其实,大多数我遇见的年轻数学家,都充满热情地告诉我,"马丁·加德纳的专栏"是如何一路陪伴着他们成长起来的。

这本书中的很多内容,都勾起了我对去马丁家拜访的回忆。我们在厨房的桌子上,玩过一些萌芽游戏(第1章)。看起来,20年来,在萌芽游戏上,没有新的知识出现——谁确实拿下了7个点的普通模式游戏,或者5个点的"悲惨"模式游戏?

加德纳善良地在第7章的参考文献①里标注了我的"末日"日历规则。当然，他并没说他才是那个起草这一规则的人，它是在我对欧几里得大道为期两周的一次访问时，被丰富完善起来的。

　　你可能已经注意到，这本再版并再次发行的书，一如原来的版本，都是献给我的。在我与伯利坎普(Elwyn Berlekamp)、盖伊(Richard Guy)的合著《稳操胜券》(Winning Ways)一书中，我已经回致了敬意。我们将其献给

马丁·加德纳，

他为数百万人群带去了数学，

比其他任何人都要多。

约翰·康威

新泽西州普林斯顿大学

1989年3月

---

① 本书参考文献未译出。——编者

1989年版前言

　　由诺普夫(Knopf)出版社发行的,我的《科学美国人》专栏的三本合集,现在已绝版了。这三本书都将由美国数学协会重印。

　　除了小小的纠正外,原文保持不变。我已经在大部分章节中增添了一个啰唆的补遗。

　　我想特别感谢康威,现在是普林斯顿大学的数学教授,他为这个新版本撰写了序。还要感谢我的编辑伦兹(Peter Renz)接手了这三本书,并且顺畅地引领着这本书到了出版阶段。

马丁·加德纳
1988年10月

前言

一位数学老师，无论他有多么爱他的学科，无论他怀有多强烈的沟通意愿，永远面临着一个巨大的困难：如何令他的学生保持清醒？

对于一个写数学书的外行而言，不管他有多努力，想要避免使用术语，并且令他的讨论主题对读者的胃口，都面临着一个相类似的问题：怎样才能令他的读者继续翻看下一页？

"新数学"被证明没有任何帮助。当时的想法是最大限度地减少死记硬背的学习，强调"为什么"算术过程这样进行。不幸的是，学生们发现，交换律、分配律、结合律和基本集合论的语言，比起乘法表来说，更加沉闷无趣。纠结于新数学的平庸老师，变得更为平庸，而表现糟糕的学生，只学了一些除了发明该术语的教育家本人外没有人会使用的术语，而其他几乎什么也没有学到。有几本书是专为了对成人解释新数学而撰写的，但是他们比旧数学的书更加乏味。最终，连教师也厌倦了提醒孩子，他写的并不是数字，而是数学符号。克莱因（Morris Kline）的书《为什么约翰尼不会做加法》（*Why Johnny Can't Add*），对此给予了完全的否定。

在我看来，要令学生和门外汉觉得数学有趣，最好的办法是以游戏的精神来学习。到了更高的层次,特别当数学应用于实际问题时,是可以并且应该非常严肃的。但是在较低的水平,没有学生会被激励而去学习高级的群论,即使告诉他,如果他成为一个粒子物理学家,他会发现数学很美丽且令人兴奋,甚至还很有用。当然,要唤醒一个学生,最好的方法是向他展示有趣的数学游戏、益智题、魔术把戏,笑话、悖论、模型、打油诗,或者任何其他的事物,这些事物无趣的老师会尽量避免,因为它们觉得这看起来太不正经了。

没有人建议一个老师只需要逗乐学生而不做其他任何事。而一本只给门外汉提供益智题目的书,与只讲述严肃数学的书一样,毫无效果。显然,必须兼备严肃性和趣味性。趣味性令读者保持清醒,而严肃性则令这游戏有价值。

这就是从1956年12月开始写作以来,我试着在我的《科学美国人》专栏中给出的组合。这些专栏已有6本合集先前出版。这是第七本。与先前的合集一样,专栏文章经过了修订,并且进行了扩充,以跟上当下实际情况,和收录读者的宝贵意见。

本书涉及的主题丰富多彩,仿佛是一场旅行狂欢节,人们可以欣赏到形形色色的表演,享受不同旅程,尽情领略沿途风光。无论是专业数学家还是仅仅"到此一游"的游客,我希望每一位漫步欣赏这一趟丰富多彩的数学旅途的读者,可以享受到喧闹的乐趣和游戏。假如他真的这样做,当最终旅途结束的时候,他可能会惊讶地发现,甚至不需要努力,他已经吸收了大量不同寻常的数学知识。

马丁·加德纳

1975年4月

第 *1* 章

萌芽游戏和抱子甘蓝游戏

我以丰塔纳的方式做了萌芽……

——詹姆斯·乔伊斯

《芬尼根的守灵夜》

"我有一位朋友,在剑桥大学研究古希腊罗马文化,最近他向我介绍了一个名为'萌芽'的游戏,这个游戏上学期在剑桥风靡一时。它有着十分特别的拓扑学风格。"

这是1967年我收到的哈茨霍恩(David Hartshorne)的信的开头,他是利兹大学数学系的学生。不久以后,另一些英国读者也纷纷写信给我,内容都是关于这个一夜之间在剑桥大学里生根发芽的奇妙纸笔游戏。

很高兴告诉各位,我已经成功地追踪到了这个游戏的起源:它是由当时剑桥大学西德尼·苏塞克斯学院的数学系教师康威(John Horton Conway),以及在剑桥大学研究计算机编程理论的研究生佩特森(Michael Stewart Paterson)共同发明的。

游戏开始于一张纸上的 n 个点。即使仅以3个点开始,萌芽游戏也比井字游戏难得多,因此,对新手来说,初始点最好不要多于3或4个。游戏的"走一步"包括画一条线将一点与另一点相连,或者连回原来的点,然后都要在线上的任意位置添加一个新的点。必须遵守如下规定:

1. 线条形状随意,但不可与本身或与之前画的线条相交,也不可经过之前添加的点。

2. 从任何点出发的线条不可多于3条。

两位玩家轮流画线。在标准的萌芽游戏里，推荐的玩法是，能走最后一步的那个人即是赢家。如同尼姆游戏①及其他"取子"游戏一样，这个游戏也有"悲惨"模式，该术语一般用于各种惠斯特牌类游戏，在这类游戏中，人们试图避免作弊。在"悲惨"模式下的萌芽游戏中，第一个不能继续走的人即是赢家。

在图1.1所示的3个点的典型标准游戏模式中，第一位玩家在走第7步时获胜。可以看出游戏的名称即由此而来，因为随着游戏的进行，原先的点会萌发出各种图案。游戏最有趣之处在于，与其他连线游戏不同，它不仅仅是一个组合游戏，而且是一个能在平面上探索更多拓扑可能性的游戏。用专业术语来说，它利用了若尔当曲线定理，该定理表明简单闭曲线将平面分为内、外两个部分。

有人或许会猜测，萌芽游戏会一直保持发芽的势头，但康威提出了一个简短的证明，断言这个游戏必然在最多第$3n-1$步时结束。每个点有3条"命"——可能会有3条线在那个点相交。拥有3条线的点被称为"死点"，因为无法再从它引出更多线条。

以n个点开始的游戏，起初有$3n$条命。每走一步，线条的起点和终点会消去2条命，但添加的那个新的点增加了1条命。因此，每走一步会减少1条游戏的总生命。假如只剩下最后1条命，游戏显然无法继续，因为画一笔至少需要2个活点。因此，游戏总步数不会超过$3n-1$。显然，每局游戏至少能走$2n$步。3个点的游戏有9条命，必然在第8步或之前结束，而且至少要走6步。

1个点的游戏没什么意义。第一位玩家能走的只有一步：将该点连回本身。在标准游戏模式中，第二位玩家无论在曲线内部还是外部将两点相连就可以获胜（在"悲惨"游戏模式中则会输掉）。在游戏过程中，这两种走法

① 关于尼姆游戏，可参见本系列丛书中的《悖论与谬误》。——译者注

4

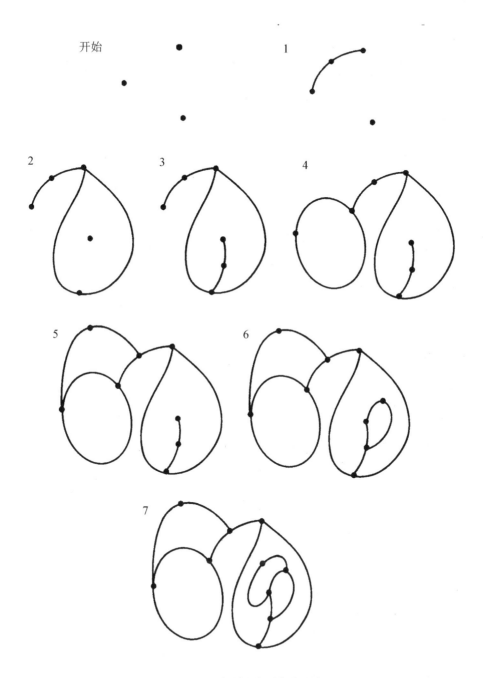

图1.1　3个点的典型萌芽游戏

是相同的,因为在画线前,闭曲线没有内外之分。想象一下游戏是在一个球体的表面进行的。如果在闭曲线内部的表面戳一个洞,那么我们可以将这个球面拉伸为一个平面,所有之前在闭曲线外的点,现在都在曲线内部了,反过来也一样。这种内外部的拓扑等价必须要牢记于心,因为这样一来,对以2个以上点开始的游戏分析起来要简单许多。

有2个初始点的情况下,萌芽游戏立刻变得趣味盎然起来。第一位玩家似乎有5种起步的走法(参见图1.2),但是由于对称的原因,第2和第3种是相同的,第4和第5种也是相同的,又由于刚才解释过的内外部等价性,这4种起步走法都可以被认为是相同的。需要研究的只有2种拓扑性不同的走法。将所有可能的走法画成树状图是很容易办到的,可以观察到无论是标准模式还是"倒着玩"模式,第二位玩家总是能够获胜。

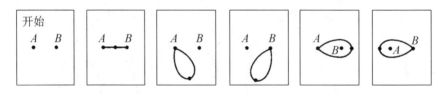

图1.2 2个初始点(A和B),以及第一位玩家在2个点的游戏中可能的起步走法

康威发现,第一位玩家总是能在标准模式的3个点游戏中获胜,而第二位玩家则总能在其"悲惨"模式中获胜。剑桥大学数学系学生莫里森(Denis P. Mollison)已经证明,第一位玩家在标准模式下的4个点及5个点游戏中均有制胜策略。康威和他以10先令打赌,赌他无法在一个月内完成分析,而莫里森拿出了一份49页的证明,证明第二位玩家可以赢得标准模式下的6个点游戏。第二位玩家可以赢得"悲惨"模式下的4个点游戏。在"悲惨"模式下,4个以上点的游戏制胜权落于谁手尚未知。标准模式下7个点和8个点的游戏也有人做过研究,但就我所知至今尚未有定论。我所知道的是,还没

有任何人写出一个成功分析萌芽游戏的电脑程序。

尽管还未发现有完美的游戏策略,但是常常可以看到,有人在游戏接近结束时用画闭曲线将平面分割成几部分的方法来获胜。

正因为可以进行这样的谋划,萌芽游戏成为了一种智力挑战,并且玩家在游戏过程中可以不断提高水平。但是萌芽游戏充满了各种无法预料的生长可能,而且似乎没有什么固定的游戏策略可以确保胜利。康威估计,对8个点游戏的完整分析已经超出了当前计算机的能力。

萌芽游戏是1967年2月21日星期二的下午发明的,当时康威和佩特森在数学系的公共休息室里喝完了茶,正在纸上涂鸦,试着设计一种新的纸笔游戏。康威正在研究一个由佩特森发明的游戏,其原型是将连在一起的邮票进行折叠,随后佩特森将它改成了纸笔游戏的形式。他们正在研究改进游戏规则的各种可能性时,佩特森说道,"为什么不在线条上增加一个新的点呢?"

"当这一规则被采用后,"康威给我写道,"其他的所有规则都被我们抛弃了,游戏的开端简化为只有 n 个点,然后不断萌芽。"增加新的点这一条太重要了,相关数学界人士一致同意,游戏发明的荣誉60%归属于佩特森,而40%归属于康威。"有一些复杂的规则,"康威补充道,"假如游戏能赚钱的话,我们打算通过这些规则分享这些钱。"

"自萌芽游戏发端的那天起,"康威继续说道,"似乎所有人都在玩这个游戏,在下午茶时间,会有一小群一小群的人们有些滑稽地盯着令人惊叹的萌芽图案。有的人已经开始研究建立在环面、克莱因瓶等类似结构上的萌芽游戏,而与此同时,至少有一个人正在思考更高维的版本。做秘书工作的人员也没能幸免;有人在最不可能的地方发现了玩过萌芽游戏的痕迹。现在,无论何时我想要和某个新人聊聊这个游戏,却往往发现他已经通过其他途径抢先得知了。甚至我三岁和四岁的两个女儿也在玩这个游戏,尽

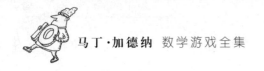

管我通常可以赢她们。"

"萌芽"这个游戏名字是康威取的。它的另一个名字"麻疹"是由一位研究生建议的,因为这个游戏就是将点连起来,并且以点的方式扩散开去。不过迅速为大众所知的是"萌芽"这个名字。稍后康威发明了一个表面上类似的游戏,名为"抱子甘蓝",意在表明这是个玩笑。我会向大家描述一下这个游戏,但至于为什么它是个玩笑,暂时留给读者一探究竟,稍后会在答案部分公布解释。

"抱子甘蓝"以 n 个十字而不是点为开端,游戏的"走一步"包括以任意十字的一个端口为起点画线条,线条终点可以是任意十字的或原十字本身的一个空置端,然后在线条上的任意位置加一条横线产生一个新的十字。新十字中显然有两个端不可用,因为每个端只能使用一次。与在萌芽游戏中一样,线条不可与本身或与之前画的线条相交,也不可经过之前画的十字。与在萌芽游戏中一样,标准模式下的赢家是能走最后一步的玩家,而"悲惨"模式下的赢家,则是第一个无法继续走的玩家。

玩过萌芽游戏以后,抱子甘蓝游戏初看起来是一个更加复杂的升级版本。因为每走一步,都会消去两个端,并新加两个端,似乎这个游戏永无止境。然而,所有游戏确实都能终结,而且这个游戏隐藏了一个玩笑成分,如果读者能够成功分析它的话,就会发现。为了使规则更加清晰明白,图1.3展示了一个典型的两个十字的抱子甘蓝游戏,第二位玩家在游戏进行到第8步时获胜。

来自康威的信记述了几项在萌芽游戏理论上的重大突破。其中包括一个他称作"终结阶"的概念,用来形容游戏终结时的状态,而"零阶"的状态可以分为以下5种基本类型:虱子、甲虫、蟑螂、螳螂和蝎子,如图1.4所示。虱子可以寄生在大一些的昆虫和蛛形动物身上,有时是嵌套形态,康威还

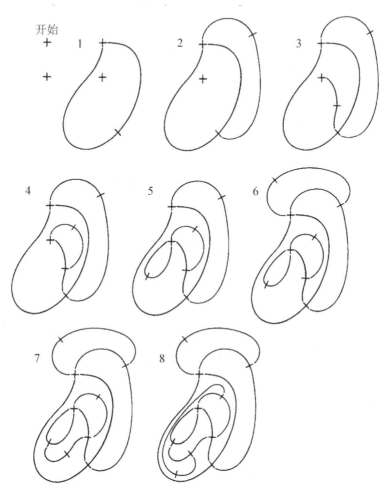

图1.3　两个十字的典型抱子甘蓝游戏

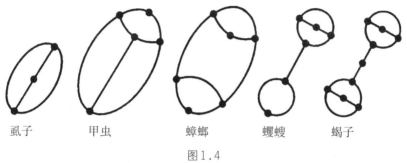

虱子　　　甲虫　　　　蟑螂　　　蠼螋　　　蝎子

图1.4

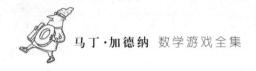

画了一种图案,他说"只是一个外翻的蠼螋寄生在一个外翻的虱子里"。他指出,这种图案类型比其他的图案类型更棘手一些。还有一个"零阶终结基本定理",相当深奥。萌芽游戏理论发展得如此迅速,我得将下一份研究报告搁置上一段时间了。

补　遗

　　萌芽游戏迅速获得了《科学美国人》读者的青睐,很多人对游戏进行了推广并提出了多个变化版本。瑞恩第三(Ralph J. Ryan Ⅲ)提议用小箭头来代替点,线条从箭头尾部延伸,新的线条只允许连到箭头的端点。凯斯勒(Gilbert W. Kessler)将点与十字融合在同一个游戏里,称其为"豆煮玉米"游戏,理查森(George P. Richardson)对建立在环面及其他曲面上的萌芽游戏进行了研究。甘斯(EricL Gans)设想了一种广义的抱子甘蓝游戏(称为"比利时甘蓝"游戏),用"星星"来取代十字,即 n 个十字交叉于同一点上。伊格内托维奇(Vladimir Ygnetovich)建议将规则修改为一个玩家在每一轮中,可以在他所画的线条上增加一个点、两个点或者不增加任何点。

　　标准模式下的所有萌芽游戏都至少能走 $2n$ 步,一些读者对这个论断表示怀疑。他们寄来了一些所谓的反例,但在这些例子里,他们都忽略了一件事,即每个独立的点只允许有两次另外的画线机会。正好走到 $2n$ 步结束的游戏所呈现的状态可以用"零阶终结基本定理"来描述,这个理论是莫里森和康威创立的。根据零阶终结基本定理,n 个点的萌芽游戏至少可以走 $2n$ 步,而假如游戏正好走到 $2n$ 步结束,则最后的状态由如图1.4所示的5种昆虫(虱子、甲虫、蟑螂、蠼螋和蝎子)的某个组合构成。请参考伯利坎普、康威和盖伊所撰写的《稳操胜券》第17章。

答　案

　　比起萌芽游戏,抱子甘蓝游戏看上去是一个升级版,为什么在发明者康韦看来是一个玩笑呢?答案就是,抱子甘蓝游戏无法玩好也无法玩坏,因为每局游戏必然会在 $5n-2$ 步时结束,其中 n 为起始时十字的数量。如果在标准模式下进行游戏(能走最后一步的玩家是胜者),那么以奇数个十字开始时,第一位玩家总是胜者,而以偶数个十字开始时,第二位玩家总是胜者。(当然在"悲惨"游戏模式下,胜者与标准模式时相反。)在介绍一个新人参与萌芽游戏(那可是真正的比赛)之后,你接下来可以用抱子甘蓝这样的伪游戏偷梁换柱,和对方打赌,你每次都可以预先知道谁将获胜。至于为什么每局游戏都会在 $5n-2$ 步时结束,这个谜题就留给亲爱的读者来解开了。

第 2 章
硬 币 谜 题

在趣味数学中,硬币有许多简单特性可以利用:容易叠放,可以用来计数,可以作为平面上的点的模型,它们是圆的,并且有着不同的两面。以下是一系列趣味硬币谜题,使用不超过10枚硬币。这些问题都足够简单,是绝佳的酒吧或餐桌消遣游戏。不过,它们中的一些可以引领你进入博大精深的数学领域。

历史最为悠久的最佳硬币谜题之一,是在桌子上将八枚硬币放成一排(见图2.1),并试着用四步将其叠成四堆,每堆两枚。有一个限制条件:每走一步,每枚硬币必须正好"跳过"两枚硬币(两个方向皆可),并且落在下一枚单个硬币上。两枚被跳过的硬币可以是并排的,也可以是叠在一起的。八是能以这种方式叠成双的最小硬币枚数。

读者会发现,解决这个问题是愉快而轻松的。然而,滑稽的部分来了。假设多加入两枚硬币,使十枚硬币放成一排。是否可以用五步叠成五堆呢?很多人在找到八枚硬币的解题方法后,面对十枚硬币的谜题时却绝望地放

图2.1　叠成双问题

弃,并且拒绝研究这个问题。然而,假如你洞察力敏锐的话,这问题可以立即得到解决。事实上,正如在答案部分将会给出的解释一样,八枚硬币的解决方法,可以很容易地推广到一排 $2n$ 枚硬币($n > 3$)上,用 n 步叠成双。

当硬币紧密排列在平面上时,其中心标记出了一个三角形点阵,这一事实是许多不同类型硬币谜题的基础。举个例子来说,六枚硬币紧密排列成平行四边形的形状(如图2.2左)。试着用三步,构成一个圆形图案(如图2.2右),使得如果将第七枚硬币放置在中心,六枚硬币会紧紧围绕在它周围。每走一步,要将某一枚硬币滑动到一个新的位置,以触碰到另外两枚能严格确定其新位置的硬币。和叠成双问题一样,在你展示给别人看的时候,也有一种花招。如果某人无法解答这个问题,你可以不慌不忙地演示给他看,并且让他重复这个解答。但当你把硬币摆回初始位置时,将它们放成原来那个平行四边形的镜像。他很有可能没注意到其中的差别,其结果是,当他试图复制你的三步走法时,他马上就会陷入麻烦之中。

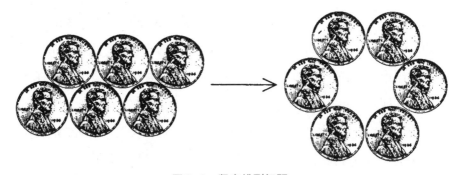

图2.2　紧密排列问题

上述谜题的一个绝佳后续是将10枚硬币摆成三角形状(如图2.3左)。这就是古代著名的毕达哥拉斯学派的"神秘三角图形",如今为人熟知的10个保龄球瓶的摆放形状与此类似。问题是要把这个三角形倒置过来(如图2.3右),每次滑动一枚硬币到一个新的位置,规则同上题,要使它可以触碰到另两枚硬币。这最少需要几步?大多数人很快用四步解决了问题。但它可以用三步来完成。这个问题有一个有趣的推广模式。显然,由三枚硬币构成的三角形可以通过移动一枚硬币来实现倒置,而由六枚硬币构成的三角形则可以通过移动两枚硬币来实现倒置。既然由10枚硬币构成的三角形可以通过移动三枚硬币来实现倒置,那么下一个由15枚硬币构成的三角形(与台球比赛开始时的15个红球摆法相同)是否能够通过移动四枚硬币来实现?不,这需要移动五枚硬币。然而,在给出构成三角形的硬币数量的情况下,有一个非常简单的方法可以计算必须移动的硬币的最小数量。读者是否能够发现呢?

图2.3　倒置三角形问题

　　这个"神秘三角图形"也可用于一个类似于孔明棋的有趣问题。孔明棋一般是在正方形点阵上玩的,它是一个古老的游戏,现在则是一个相当有文学性的论题。据我所知,许多基于三角形点阵的类似问题都只受到最为浅显的关注。相对比较重要的、最简单的出发点是毕达哥拉斯学派的10点三角图形。为了便于记录解决方法,在一张纸上绘制10个点,点与点之间留有间距,使得将硬币放置在点上时,这些硬币之间会有一定空隙,然后为每个位置写上编号(见图2.4)。

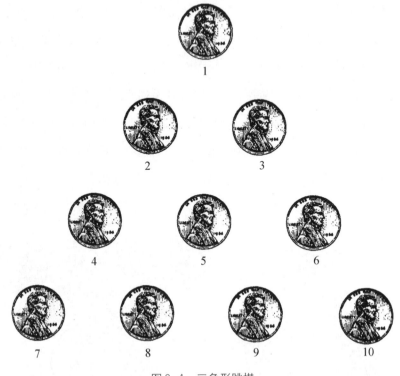

图2.4　三角形跳棋

　　问题:先拿走一枚硬币使得纸上有一个"空",然后用一步步跳跃将硬币减少到单枚。不允许滑动硬币。跳跃的方法和下跳棋时一样,越过相邻的硬币跳至紧邻另一侧的空。被跳过的硬币要拿走。需要注意的是,跳跃有六个方向可选:平行于三角形底边的两个方向,以及平行于三角形另两条边的各两个方向。与跳棋中一样,连续的一连串跳跃计为一"步"。经过反复地试了错、错了试,人们发现,问题确实是可以解决的。不过,趣味数学家只有在以最少步数解决了这个问题时才会满意。例如,这里有一个六步的解决方法,先拿走的是位置2上的硬币:

　　1. 7−2

　　2. 9−7

3. 1-4

4. 7-2

5. 6-4-1-6

6. 10-3

还有一个更好的解决方法,只需用五步。读者是否可以找出来?如果可以的话,你可能会想要继续玩15个点的三角跳棋。新奇玩具公司S. S. 亚当斯多年来一直售卖这款游戏的一个固定版本,商品名为Ke Puzzle Game,但没有随游戏玩具提供解答。

如果一枚硬币围绕另一枚硬币无滑动地滚动,公转一圈需要自转几次?有人可能猜测答案为1,因为移动的硬币是围绕着等于自身周长的圆周转圈,但做一个快速的实验可表明答案应该是2。显然移动硬币的完整公转增加了一次额外的自转。假如我们无滑动地滚动一枚硬币,从六枚硬币构成的三角形顶部开始一路沿着边线滚动(见图2.5),并且回到初始位置。它需要经历多少次自转?从图中容易发现,硬币沿圆弧的滚动总距离(以整圆的分数形式表示)为12/6,或者说是两个整圆。因此,它至少必须自转两次。

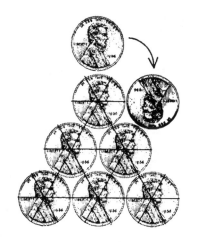

图2.5　一个旋转问题

因为它完成了一次完整的公转,我们是否应增加一次自转,说它自转了三次呢?不,做一个测试可以表明,它完成了四次自转!事实上,在沿着圆弧每滚动1度时,硬币自身都旋转了2度。我们必须将它滚动所经过的路径长度加倍来获得正确答案:四次自转。了解了这一点,解决益智类书籍中常常出现的其他同类型谜题就很容易了。只要以弧度为单位计算一下路径长度,然后乘以2,你就可以得出硬币自转的弧度数了。

这一切是相当明显的,但这里隐藏着一个美妙的原理,我以前没有注意到。这次不是用一枚硬币绕着一堆紧密排列的硬币转圈,而是将那堆硬币连在一起构成一条不规则的闭合链。图2.6展示了一个由九枚硬币构成的随机链。(唯一的限制条件是,当一枚硬币无滑动地绕其滚动时,滚动的硬币必须接触到链中的每一枚硬币。)令人惊讶的是,事实证明,对一条给定长度的链,无论其形状怎样,绕其滚动的硬币在回到初始位置时自转的次数总是相同的!在九枚硬币的例子中,这枚硬币整整自转了五次。如果硬

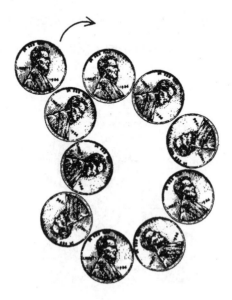

图2.6 一个令人惊讶的不变性原理

币是在链的内部滚动的,它会正好自转一次。这也是一个不受链的形状影响的常数。读者是否可以证明(仅需要用到最基本的几何知识),对于任何由n枚硬币($n>2$)构成的闭链,移动的硬币绕着链的外围滚动一圈的自转次数是一个常数?如果你做到了,你立刻会发现如何将相同的证明方法应用在由n枚硬币($n>6$)构成的链内部滚动的硬币上,以及如何推导出一个简单的公式,用n的函数来表达在所有情况下硬币的自转次数。

在求解谜题领域中所谓的"植树问题"时,硬币也是很方便的标识。例如,一个农民想要种九棵树,使它们能构成十个直排,每排有三棵树。如果读者熟悉射影几何的话,他可能会注意到此题的解答(见图2.7)可以看成是著名的帕普斯定理的图解:如有三个点A、B、C在一条直线上的任意位置上,另有三个点D、E、F在第二条直线上的任意位置上(这里的两条直线不需要保持平行),则交叉六边形$AFBDCE$的对边交点G、H、I将处于一条直线上。由此,帕普斯定理确保了存在九条含三个点的直线,第十条直线是通过调整图形,以使点B、H、E成一直线而得到的。

植树问题与射影几何中的"关联几何"有关(一个点与任何通过该点的直线关联,一条直线与任何它所通过的点关联)。康涅狄格州哈特福德大学三一学院的多沃特(Harold L. Dorwart)在《关联几何》[*The Geometry of Incidence*,普伦蒂斯-霍尔(Prentice-Hall)出版社]这本书中就这个主题发表了精彩而通俗的介绍,我推荐这本书。在第146页,他列举了两个植树问题:二十五棵树种成十排,每排有六棵;以及十九棵树种成九排,每排有五棵——两个问题都是通过用著名的德萨格射影定理来查看图形而得到解决的。植树问题引我们进入到了组合问题的一潭深水里。还没有人能够发现一个可以解决所有这类问题的一般解答过程,因此这个领域充满了各种待解之谜。

现在回到我们的硬币问题。事实证明,十枚硬币可以排列成五条直线,

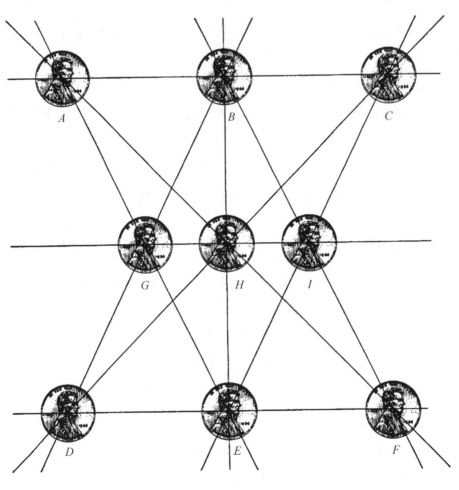

图 2.7 植树问题和帕普斯定理

每条直线上有四枚硬币。(当然,假设每条直线必须通过所在的四枚硬币的中心。)图 2.8 显示了五种排列方法。每种图案可以在不改变其拓扑结构的情况下,以无穷多种方式被扭曲。这里所展示的,是英国谜题专家杜德尼(Henry Ernest Dudeney)给出的图案,以展示所有这些结构的双侧对称性。还有第六种解答,在拓扑上与其他五种都不同。读者是否可以发现它呢?

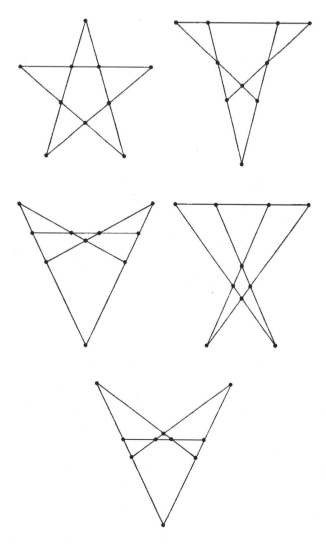

图2.8　十枚硬币排列成五条直线,每条直线上有四枚硬币的五种排列方法

　　许多硬币谜题将一点儿数学与"陷阱"特色结合起来,这让它们成为吧台赌局里最出色的快速游戏。比如,把四枚硬币在吧台上排成正方形,然后和人打赌说,你只需要移动一枚硬币的位置,就可以构成两个直排,每排有

三枚硬币。这看上去不太可能,但解决的办法不过是拿起一枚硬币,然后把它放在其斜对面的硬币上面。

这里还有两个更精彩的硬币陷阱。第一个是,将三枚硬币如图2.9所示进行排列,并且让别人接受以下挑战:在不移动硬币B,不用手及身体的任何部分或者借助任何物体碰到硬币A,也不用吹气方式来移动硬币A的情况下,将硬币C放在硬币A和B的中间,使三枚硬币成一条直线。另一个打赌是,在一张纸上画一条竖直的线,然后挑战:摆放三枚硬币,使得其中两个正面完全在直线的右侧,两个背面完全在直线的左侧。

A B C

图2.9 一个三硬币吧台赌局

补 遗

除了边界为三角形以外,显然也可以在边界为六边形、菱形、六角星等的三角点阵上玩三角跳棋游戏。也可以应用各种不同规则,例如:(1)可以禁止在水平方向跳到一个格子的另一侧。参见布鲁克(Maxey Brooke)的《钱币的有趣玩法》(*Fun for the Money*)一书第12页,15个点的三角跳棋问题[斯克里布纳(Scribner's)出版社,1963年]。(2)像中国跳棋游戏一样,既允许滑动也允许跳跃。

如果用经典的方式来玩等距的三角跳棋,只允许往六个方向的跳跃,那么要测试一个给定的模式是否可以从另一个导出,有十分巧妙的方法。这些方法是正方形跳棋所用方法的延伸。[参见加德纳《意外的绞刑和其他数学娱乐》(*Unexpected Hanging and Other Mathematical Diversions*)一书中关于跳棋的章节,西蒙与舒斯特(Simon & Schuster)出版社,1969年。]

在正方形跳棋中，我们给出的方法并没有提供实际的解答，也无法证明存在一个解答，但是能够证明某些问题无法解决。沙罗许（Mannis Charosh）、戴维斯（Harry O. Davis）、哈里斯（John Harris）和菲尔波特（Wade E. Philpott）在这个问题上已经有了不少尚未发表的研究成果。他们的方法都是基于一个确定模式奇偶性的交换群。通过给格点涂上三种颜色，并且依据多种规则，你可以快速确定某些问题的不可能性。例如，"空"在中心位置的六边形区域无法走到只在中心留下一个棋子，除非六边形的边长是一个形式为$3n+2$的数。亨策尔（Irvin Roy Hentzel）在《趣味数学杂志》（*Journal of Recreational Mathematics*）1973年秋季第六期第280—283页的"三角跳棋谜题"（Triangular Puzzle Peg）一文中，给出了这类方法的一个清晰解释。关于跳棋，还有一个更为广泛的理论。参见由伯利坎普、康韦和盖伊所著的《稳操胜券》。

答　案

1. 要将八枚硬币叠成四堆，每堆两枚，可将它们从1至8进行编号，将4号移到7号上，将6号移到2号上，将1号移到3号上，将5号移到8号上。对于十枚硬币来说，只需要先将某一端的硬币叠成双。（比如，将7号移到10号上），留下一排八枚硬币，可以用先前一样的办法来解决。显然，对有$2n$枚的一排硬币，可以用n步解决，方法是将某一端的硬币不断叠成双，直至剩下八枚，然后解决这最后八枚。

2. 摆放成平行四边形的六枚硬币（如图2.10）可以按照以下步骤构成一个圆。如图2.10所示对它们编号，并且移动6号以碰到

图2.10 从菱形到圆形

4号和5号,移动5号以从下面碰到2号和3号,移动3号以碰到5号和6号。

3. 由10枚硬币构成的三角形,可以用如图2.11所示的方法通过移动三枚硬币将其颠倒过来的。在处理任意大小的等边三角形的一般问题上,读者可能已经意识到,这相当于绘制一个边界三角形(像是用来将15个红球框起来的台球框架),将其倒置,并且放置在原图形之上,使它可以包含最大数量的硬币。在每一种情况下,倒置图形必须移动硬币的最小数量,可以通过把硬币的数量除以3并省略余数获得。

4. 位置编号如图2.4所示的10枚硬币构成的三角形,用五步可以减少为一枚硬币。首先把位置3上的硬币拿走,然后走:10-3,1-6,8-10-3,4-6-1-4,7-2。除了三连跳可以顺时针或逆时针进行,这个解答是唯一的。当然,初始空可以是非角落亦非中心的六个位置中的任意一个。

15枚硬币的三角形最少要走九步。初始空必须在一条边的中间位置,并且起始的两步必须是1-4,7-2,或者与此对称等价的其

图2.11　倒置三角形

他五个组合之一。路易斯安那州斯莱德尔的小吉利斯(Malcolm E. Gillis, Jr.)编制了一个计算机程序,在指定前两步的情况下,发现了260种解答。

下面的解答是其中之一,它以一个戏剧性的五连跳结尾。位置按从左至右、从上至下编号:(1)11-4,(2)2-7,(3)13-4,(4)7-2,(5)15-13,(6)12-14,(7)10-8,(8)3-10,(9)1-4-13-15-6-4。

我不知道对于21枚或更多枚硬币的三角形有没有什么计算机分析。加利福尼亚州圣巴巴拉的哈里斯(John Harris)证明,21枚硬币的三角形至少需要走九步。以下解答来自苏黎世的马米耶(Edouard Marmier),这表明走九步是可以做到的:(1)1-4,(2)7-2,(3)16-7,(4)6-1-4-11,(5)13-6-4-13,(6)18-16-7-18-9,(7)15-6-13,(8)20-18-9-20,(9)21-19。

段首加德纳 数学游戏全集

5. 读者被要求证明:如果一枚硬币绕着一条封闭的硬币链滚动一圈,并碰到每一枚硬币,那么无论链的形状如何,该硬币自转的次数是一个常数。我们首先在一条由九枚硬币构成的链中证明这一点。

如图2.12左所示,用直线将各枚硬币的中心相连,以构成一个九条边的多边形。在多边形外部的硬币周长的总长度(以弧度计算),与多边形的共轭角度之和相等。(一个角的共轭是该角与360度的差。)一个 n 条边的多边形的共轭角度总和,总是 $\frac{n}{2}+1$ 倍周角(一个周角等于360度)。

然而,硬币在绕着链滚动的时候,对于它碰到的所有硬币对,

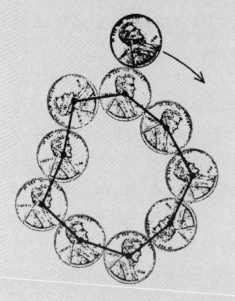

图2.12 滚动的硬币

28

都不能够碰到两段各为1/6周角的圆弧,加起来等于1/3周角(如图2.12右)。对于n枚硬币来说,它碰不到$\frac{n}{3}$的周角。我们从$\frac{n}{2}+1$中减去这个数,得到$\frac{n}{6}+1$,这是硬币绕链滚过一圈的总周长。

如前所述,每滚过1度的圆弧,硬币自身会旋转2度,因此硬币的自转次数必定是$\frac{n}{3}+2$。这显然是一个常数,与硬币链的形状无关,因为任何硬币链的中心必定标志着一个n边形的顶点。(该公式同样适用于由两枚硬币构成的退化链,其中心可以看成是一个由两条边构成的退化多边形的角。)

类似的论证表明,$\frac{n}{3}-2$是一枚硬币沿着一条由六枚或以上的硬币构成的闭合链内部滚动一圈的自转次数。对于由六枚硬币构成的链条,该公式给出的自转次数为零,此时它恰好触碰到全部的六枚硬币。对于由n枚硬币构成的开放链,很容易证明,滚动的硬币在绕其一周后,完成了$\frac{1}{3}(2n+4)$次自转。

6. 十枚硬币排列成五条直线,每条直线上有四枚硬币的第六种排列方法如图2.13所示。

7. 为了在不碰到硬币A也不移动硬币B的情况下,将硬币C放在两个相接触的硬币A和B之间,你可以用一个手指尖紧紧压在硬币B上,然后对着硬币B滑动硬币C。不过,要确保在硬币C撞到硬币B之前放开C。这个冲击力会推动硬币A离开硬币B,因此硬币C可以被放在先前两个相接触的硬币之间。

8. 三枚硬币可以如图2.14所示放置,使得两个正面在直线的右侧,而两个背面在另一侧。

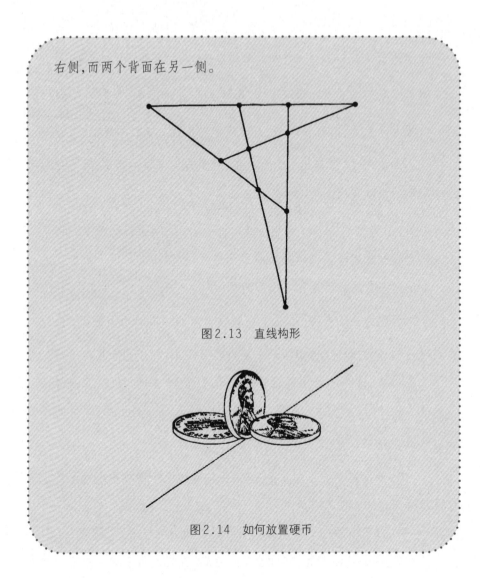

图2.13 直线构形

图2.14 如何放置硬币

第 3 章
阿列夫0和阿列夫1

这名研究生来自三一学院，

他对无穷大的平方进行计算。

这令他坐立不安并放下手中数字，

因此他放弃数学，开始神学钻研。

——匿名人士

1963 年，29 岁的斯坦福大学数学家科恩(Paul J. Cohen)正在研究现代集合论中的一个大问题：是否存在一个比整数个数级别高，但比一条直线上点的个数级别低的无穷大等级？他发现了一个令人惊讶的答案。为了弄清楚科恩到底证明了什么，必须先说一下这两个已知最低的无穷大等级。

康托尔(Georg Ferdinand Ludwig Philipp Cantor)首先发现，在整数无穷大——他称之为 $\aleph_0$——之上，不仅还有更高的无穷大，而且这些无穷大也有无穷多个。主流数学家们的反应截然不同。庞加莱(Henri Poincaré)将康托尔的理论称为一种病态，数学必须从这种病态中恢复过来；外尔(Hermann Weyl)在谈到康托尔的"$\aleph$"层次时，形容其为"迷雾之后依旧是迷雾"。

而另一方面，希尔伯特说，"没有人能把我们从康托尔为我们营造的天堂中驱逐出去"，罗素(Bertrand Russell)则曾经称赞康托尔的成就"可能是这个时代最伟大的"。如今只有直觉主义学派的数学家和少数哲学家面对 $\aleph$ 们依然不太自在。大多数数学家早已消除了对它们的恐惧，而康托尔建立起他的"恐怖王朝"[这个称号来自著名的阿根廷作家博尔赫斯(Jorge Luis Borges)]所用的证明，如今被举世公认为数学史上最精彩绝伦和最魅力

非凡的证明之一。

可以用1, 2, 3……进行计数的任何无穷集都有基数$\aleph_0$(阿列夫0),它是康托尔的阿列夫阶梯的底部。当然,要真的去数这样的集合是不可能的;仅仅可以展示它如何与计数数一一对应。例如,考虑素数的无穷集。用正整数与它们一一对应是很容易做到的:

$$
\begin{array}{cccccc}
1 & 2 & 3 & 4 & 5 & 6\cdots \\
\downarrow & \downarrow & \downarrow & \downarrow & \downarrow & \downarrow \\
2 & 3 & 5 & 7 & 11 & 13\cdots
\end{array}
$$

因此,素数集是一个$\aleph_0$集。它被认为是"可计数的"或"可数的"。在这里,我们遇到了一个关于所有无穷集的基本悖论。与有限集不同的是,它们可以与它们自身的一部分一一对应,或者更专业地讲,与它们的一个"真子集"对应。尽管素数只是正整数的一小部分,但作为一个完整的集合,它们的阿列夫数相同。同样,整数只是有理数(整数加上整分数)的一小部分,但是有理数也构成一个$\aleph_0$集。

有理数可以排列成一个可数的序列,有许多种方法能够证明这一点。最为人熟知的方法是,将它们以分数的形式联系到一个由格点构成的无限正方形阵列上,然后沿着一条弯弯曲曲的路径来对格点进行计数。假如考虑负有理数,也可以走螺旋形的路径来计数。这里还有另一种由美国逻辑学家皮尔斯(Charles Sanders Peirce)提出的对正有理数排序和计数的方法。[参见《皮尔斯论文集》(*Collected Papers of Charles Sanders Peirce*),哈佛大学出版社1933年版,第578—580页。]

以分数0/1和1/0开始。(第二个分数是无意义的,但它可以被忽略。)将两个分子相加,然后将两个分母相加,获得新的分数1/1,并将其放在之前这一对分数的中间:0/1, 1/1, 1/0。对每一对相邻的分数重复这个过程,获得的两个新分数分别放在其间:

$$\frac{0}{1} \quad \frac{1}{2} \quad \frac{1}{1} \quad \frac{2}{1} \quad \frac{1}{0}。$$

通过相同的过程，五个分数增加为九个：

$$\frac{0}{1} \quad \frac{1}{3} \quad \frac{1}{2} \quad \frac{2}{3} \quad \frac{1}{1} \quad \frac{3}{2} \quad \frac{2}{1} \quad \frac{3}{1} \quad \frac{1}{0}。$$

在这个连续序列里，每一个有理数会且仅会出现一次，并且总是以最简分数的形式出现。没有必要，如其他对有理数排序的方法中那样，去消去类似10/20的分数（它们等于也在此序列中的最简分数），因为序列中不会出现可以约分的分数。如果你填分数的每一步中，比方说从左至右填，那么你可以很容易地以它们出现的顺序来对分数进行计数。

这个序列，照皮尔斯所说，有很多有趣的性质。每进行一步，分数线上的数字从左至右看的话，都是以重复前一步的上方数字为开始的：01，011，0112，等等。并且在每一步中，分数线下的那些数字与分数线上的那些数字相同，只是顺序相反。其结果之一是，任意两个到中间的1/1距离相等的分数互为倒数。并且请注意，对于任何相邻的一对分数 a/b、c/d，我们可以写出如下等式：$bc - ad = 1$，以及 $c/d - a/b = 1/bd$。这个序列与所谓的法雷数列密切相关［这个数列是以英国地质学家法雷（John Farey）命名的，他是首先对它们进行分析的人］，如今在这方面有相当多的文献。

很容易证明，比起 $\aleph_0$，有些集合拥有更多的无穷元素。为了对这类证明中最佳的一个进行解释，你需要一副扑克牌。首先考虑有三个物体的一个有限集，比方说一把钥匙、一块表及一个戒指。这个集合的每个子集都由一行三张牌来表示（见图3.1），面朝上的白色牌表示上述物体在子集中，面朝下的黑色牌则表示该物体不在。第一个子集是由初始集合本身构成的。后面的三行表示只包含其中两个物体的子集。跟随在它们之后的，是只有单件物体的三个子集，最后则是一个空集，不包含任何物体。任何有 n 个元素的集合,其子集的数量是 2^n。(原因很容易明白。每个元素可以被包括在内也可以不被包括在内,那么对于一个元素来说有两个子集,对于两个元素来说有 $2 \times 2 = 4$ 个子集,对于三个元素来说有 $2 \times 2 \times 2 = 8$ 个子集,依此类推。)请注意,这个公式也适用于空集,因为 $2^0 = 1$,而空集以空集作为其唯一的子集。

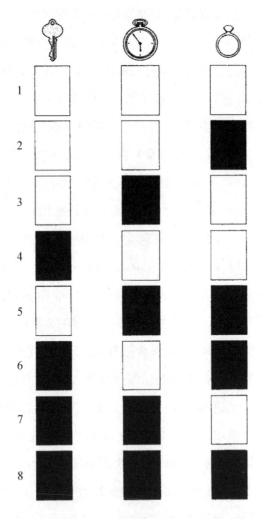

图 3.1 三元素集合的子集

本过程适用于一个无穷但可数的元素集合（ℵ₀），如图3.2左所示。这个无穷集的子集是否能够与计数数一一对应？假设它们可以。与之前一样，用一行扑克牌来代表每个子集，只是现在每一行都无休止地往右继续下去。想象这些无限的行以任意顺序排列，并且从上至下编号为1,2,3……。

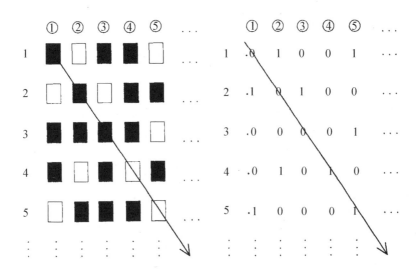

图3.2　一个可数的无穷集有着不可数无穷多个子集（左），可以与实数相对应（右）

如果我们把这样的行继续构建下去，这个列表最终是否会包括所有子集？不——因为有无限多种方法可以产生一个不在列表中的子集。最简单的方法是考虑由箭头所示的对角线上的一组牌，然后假设在这条对角线上的每张牌都被翻了过来（即每张面朝下的牌都被翻成面朝上，而每张面朝上的牌都被翻成面朝下）。新的对角线集合不可能是第一个子集，因为它的第一张牌与子集1的第一张牌不同。它也不可能是第二个子集，因为它的第二张牌与子集2的第二张牌不同。总的来说，它不可能是第n个子集，因为它的第n张牌与子集n的第n张牌不同。既然我们已经构造出了一个不会出现在列表里的子集，即使这个列表是无限的，我们也不得不下结论说，最初的假设是错误的。一个 $\aleph_0$ 集的所有子集的集合，是一个基数为 2 之 $\aleph_0$ 次幂的集合。这个证明显示，这样的一个集合不可能与计数数一一对应。这是一个更大的阿列夫数，一个"不可数"的无穷集。

在刚刚给出的康托尔那著名的对角线证明中，还暗藏了一个意外收获。它证明了，实数集（有理数加上无理数）也是不可数的。考虑一条线段，它的两端分别为 0 和 1。从 0 到 1 之间的每个有理分数都与这条线段上的一个点相对应。在任意两个有理数点之间，都有无穷多个其他有理数点；然而，即使所有的有理数点都已被标识，仍然存在无穷多个未被标识的点——这些点对应于无限不循环小数（例如 $\sqrt{2}$ 之类的无理数），以及如 π 和 e 之类的超越数。线段上的每一个点，无论有理或无理，都可以用一个无限的纯小数来表述。但是这些分数不一定要表示成小数，它们也可以用二进制记数法来表示。于是，线段上的每一个点可以由 1 和 0 构成的无限形式来表示，而由 1 和 0 构成的每个可能的无限形式都恰好与线段上的一个点对应。参见补遗。

现在，假设如图 3.2 左所示的每张面朝上的牌被 1 代替，每张面朝下的牌被 0 代替，如图 3.2 右所示。在每一行前面放上一个二进制点，我们就获得了 0 和 1 之间二进制小数的无限列表。但这些符号的对角线集合，在每个 1 变为 0 且每个 0 变为 1 之后，并不在此列表上，因此实数和线段上的点都是不可数的。通过仔细处理重复的东西，康托尔证明以下三个集合：$\aleph_0$ 的子集、实数和线段上所有的点，都拥有相同数量的元素。康托尔称这为基数 C，"连续统的幂"。他认为，它也是 $\aleph_1$（阿列夫 1），比 $\aleph_0$ 大的第一个无穷集。

经过一大串简单而优美的证明，康托尔表明 C 代表了这样一些无穷集中的元素个数，例如超越数（他证明了代数无理数构成一个可数集），一条无限长的线条上点的数量,任意平面图形中或无限平面上点的数量,以及任意立体图形中或者三维空间里所有点的数量。进入更高维度后,点的数量并不会增加。一条一英寸长线段上的点,可以与任意更高维度的立体图形中的点一一对应,或者与更高维度上整个空间中的点一一对应。

凡当我们遇到图形的无穷集时,$\aleph_0$ 和 $\aleph_1$(我们暂时接受康托尔把 C 与 $\aleph_1$ 视作同一的观点)之间的区别,在几何学上就显然很重要了。想象一个以六边形铺砌的无限平面。顶点的总数是 $\aleph_1$ 还是 $\aleph_0$?答案是 $\aleph_0$,对它们容易沿着螺旋路径进行计数(见图3.3)。另一方面,可以放置于一张打字纸上的半径1英寸的不同圆的数量是 $\aleph_1$,因为在任意大小的纸的中心附近的小正方形内部有 $\aleph_1$ 个点,每个点都是半径1英寸的不同圆的中心。

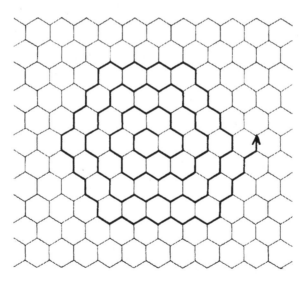

图3.3 螺旋式地对六边形铺砌的顶点进行计数

接下来,考虑莱因(J. B. Rhine)在他的"超感官知觉"测试卡上所使用的五种记号(见图3.4)。假定这些记号是以理想的线条画成的,没有宽度,且不与其他线条重叠或相交,那么是否可以在一张纸上将其画出 $\aleph_1$ 次?(绘

图3.4　"超感官知觉"的五种记号

制的记号不需要大小相同,但都必须是相似的形状。)结果表明,在所有的线条中,除了一条之外,都可以画出$\aleph_1$次。读者是否可以指出哪个记号是例外?

物理学家施莱格尔(Richard Schlegel)通过努力引导人们关注"稳恒态"理论中的一个看似矛盾之处,尝试将这两个阿列夫数与宇宙学联系起来。根据该理论,当前宇宙中的原子数量是$\aleph_0$。(宇宙被认为是无限的,即使"光视界"限制了人们可以看到的范围。)此外,随着宇宙的膨胀,原子的数量也稳定增长,以保持恒定的平均密度。无限的空间可以很容易地容纳任意有限数量的原子数量的倍增,因为$\aleph_0$乘以2还是$\aleph_0$。(如果你在$\aleph_0$个盒子里有$\aleph_0$个鸡蛋,每个盒子里有一个鸡蛋,那么就可以装下另一堆$\aleph_0$个鸡蛋,方法是将盒子1里的鸡蛋移到盒子2,盒子2里的鸡蛋移到盒子4,依此类推,则原先的每个鸡蛋会进入编号为先前所在盒子编号两倍的那个盒子。这样做清空了所有奇数编号的盒子,它们可以装下另一堆$\aleph_0$个鸡蛋。)在稳恒态理论中,宇宙可以延伸到无限远的过去,这似乎可以表示宇宙已经完成了$\aleph_0$次原子数量倍增。这将让我们得出2之$\aleph_0$次幂个原子。我们已经知道,这产生了一个$\aleph_1$集合。例如,即使在无限远的过去仅有两个原子,在经过$\aleph_0$次倍增后,也可以增长为$\aleph_1$集合。但是宇宙不可能容纳$\aleph_1$个原子。任何独立物理实体的集合(相对于数学中的理想实体来说)都是可数的,因此

最多有 $\aleph_0$ 个。

施莱格尔在他的论文"稳恒态宇宙论中无穷多的物质产生的问题"中找到了应对方法。他没有将过去看作有限时间间隔的一个完整的 $\aleph_0$ 集合（可以确定，时间的理想瞬间形成了一个 $\aleph_1$ 的连续统，但施莱格尔关心的是那些发生原子数量倍增的有限的时间间隔），我们可以用"正在发生"而不是已经完成的普通意义来看待过去和未来是无限的这一观点。无论宇宙最初诞生的日子是怎么定义的（要记得，我们在处理的是稳恒态模型，而不是"大爆炸"或者振荡理论），我们总是能够把日期设得更早一些。从某种意义上说，存在着一个"开端"，但是我们可以随自己的心意把它无限地往后推。同样也存在着一个"结束"，但我们也可以随自己的心意将其无限地往前推。当我们在时间上往后推时，原子的数量不断减半，我们并没有让这种减半发生超过有限次，结果就是原子的数量并没有缩减到小于 $\aleph_0$。当我们在时间上往前推时，原子的数量不断加倍，我们并没有让这种加倍发生超过有限次，因此原子的数量并没有增加到大于 $\aleph_0$。在任一方向上，都永远不会骤变为时间间隔的一个完整 $\aleph_0$ 集合。结论是，原子集合永远不会骤变为 $\aleph_1$，也就不存在什么令人烦扰的不一致性了。

康托尔确信，他的阿列夫无穷的层次结构，其中每一个阿列夫数由2的前一个阿列夫数次幂而得，代表了所有存在的阿列夫数。每两个数之间没有其他数存在。也不存在如某些当时的黑格尔主义哲学家所设想的绝对的最终阿列夫数。康托尔认为，无穷本身的无穷结构，才是绝对的更好象征。

终其一生，康托尔试图证明在 $\aleph_0$ 和 C 即连续统的幂之间没有其他阿列夫数，但他从没找到一个证明。1938年，哥德尔（Kurt Gödel）证明，若康托尔的猜想（后来以"连续统假设"为人所熟知）为真，则它与集合论的公理体系不冲突。

科恩在1963年证明,反过来的结论也成立。你可以假定C不是$\aleph_1$。那么在$\aleph_0$和C之间至少会有一个阿列夫数,即使没有人知道如何指定一个集合以使它具有这样的基数(比如说,超越数的某个子集)。这也与集合论的公理体系不冲突。康托尔的假设是无法判定的。就像欧氏几何学中的平行公设,它是一条独立的公理,可以被肯定也可以被否定。正如关于欧几里得平行公理的两大假设将几何学分为欧氏几何学和非欧几何学,关于康托尔猜想的两大假设如今也将无穷集理论分为康托尔理论和非康托尔理论。还有比上述更加糟糕的。非康托尔的那一部分理论为集合论系统的无限性开创了可能,它们与现今的标准理论都相容,并且与关于连续统的幂的所有假设都不相容。

当然,科恩仅仅证明了连续统假设在标准集合论中是不可判定的,即使这个理论中加上了选择公理也一样。许多数学家希望并且相信,有朝一日,一个"不言自明"的公理会被发现,它不是对连续统假设的简单肯定或者否定,并且当这个公理被加入集合论时,连续统假设可以被确定。(所谓"不言自明",他们的意思是所有数学家都同意为"真"的一个公理。)事实上,哥德尔和科恩都希望有这样的事情发生,并且都深信连续统假设其实是不成立的,相比之下,康托尔则相信并且希望它是成立的。然而到目前为止,这些仍然只是不切实际的柏拉图式希望。不可否认的是,集合论已经受到严重打击,没有人知道打击产生的碎片会带来什么样的影响。

补　遗

在给出康托尔著名的关于实数集为不可数的对角线证明的二进制版本时,我有意避免将问题复杂化,而没有提到如下事实:每个介于0到1之间的整分数,可以有两种方式来表示为一个无限的二进制分数。例如,1/4可以是0.01

后面跟着 $\aleph_0$ 个 0，也可以是 0.001 后面跟着 $\aleph_0$ 个 1。这使得作为对角线补集的二进制实分数经过这样排列后，有可能会产生列表上的一个数。当然，构建的这个数肯定不是列表上的形式，但这个形式难道不可以是一个在列表上以不同方式表达的整分数吗？

答案是否定的。这个证明假设所有可能的无限二进制形式都在列表之中，因此每个整分数在列表上出现两次，每次以两种二进制形式之一出现。由此可得，构建的对角线数与列表上的任意整分数的两种形式都不匹配。

对每种数系，都有两种方法可以将一个整分数表示为一个 $\aleph_0$ 数字串。因此在十进制中，1/4 = 0.250 000 0… = 0.249 999 9…。虽然没有必要验证十进制情况下对角线证明的有效性，但为避免歧义，习惯上指定每个整分数仅以无限个 9 结尾的形式来列出，于是对角线数字则是通过将对角线上的每个数字改为一个除 9 或 0 以外的其他数字来构建的。

当我在《科学美国人》上讨论康托尔的对角线证明时，我才发现对这个证明的反对意见有多强烈。比起工程师和科学家来，数学家中的反对者要少一些。我收到许多抨击这个证明的来信。电气工程师迪尔沃思（William Dilworth）给我寄来了一张 1966 年 1 月 20 日的伊利诺伊州拉格朗日《拉格朗日公民》的剪报，上面登载了他驳斥康托尔的"数字命理学"的一大段问答。迪尔沃思在 1963 年的纽约普通语义学国际会议上首次发表了他对于对角线证明的反对意见。

反对康托尔集合论的最杰出的现代科学家之一，是物理学家布里奇曼（P. W. Bridgman）。他在 1934 年发表了一篇相关论文，并且在《物理学家的思考》（*Reflections of a Physicist*，哲学图书馆出版，1955 年）一书中，他于第 99—104 页对超限数和对角线证明予以了毫不留情的抨击。"我个人在这个证明里看不到一丝吸引力，"他写道，"但是它对我来说，似乎完全是一个不合理推论——如果它的确是一个证明的话，我应该不会这么想当然。"

马丁·加德纳 数学游戏全集

布里奇曼抨击的中心是持实用主义和操作主义主张的哲学家们普遍认同的一个观点。他们认为无穷大数不"存在"于人类行为之外。事实上，所有的数都只是供人使用的名字，而不是"事物"的名字。因为一个人可以数20个苹果，但无法去数无穷多个苹果。"对柏拉图式观念而言，说'存在'无穷大数是没有意义的，像康托尔所做的那样谈论无穷多种不同等级的无穷大数就更加没有意义了。"

"一个无穷大数，"布里奇曼写道，"是一个人在着手进行一个过程时所处理的某种状态……一个无穷大数是一项行动计划的某种状态。"

对这些反对意见的回答是，康托尔确实明确地说明了要定义一个超限数必须"做"些什么。一个人无法执行一个无限过程的事实，并没有削弱康托尔的阿列夫数的现实性或有用性，这与无法完全计算圆周率的值并没有削弱 π 的现实性或有用性是一样的。它并不是布里奇曼所坚持的，一个人是否接受或拒绝将数作为"事物"的柏拉图式概念的问题。一个开明的实用主义者，总是希望将所有抽象现象都纳入人类行为范围。比起其他精确定义的抽象系统，例如群论或者一种非欧几何学来说，康托尔集合论的意义和作用都不会少到哪里去。

答　案

假设理想线条不重叠或相交，并且线条副本可能大小不同，但在严格的几何意义上来说必须相似，那么五个"超感官知觉"记号中的哪一个无法在一张纸上画出 $\aleph_1$ 次？

只有加号不能进行 $\aleph_1$ 次复制。图3.5显示了其他四种记号如何画出 $\aleph_1$ 次。在每种情况下，线段 AB 上的点形成了一个 $\aleph_1$ 连续统。显然，可以画出一组嵌套或并排的图形，以使不同的线条副本

44

可以穿过每一个点,这让点的连续统与不交叉的线条副本集合一一对应。加号的副本则无法以类似方式彼此紧紧相贴地放置。任意一对加号的十字中心必须相隔有限距离(尽管这个距离可以尽可能地短),这形成了一个可数的点的集合($\aleph_0$)。读者可能乐于设计一个正式的证明,来表明在一张纸上画出 $\aleph_1$ 个加法记号是不可能的。这个问题类似于一个涉及字母的问题,可以在齐宾(Leo Zippin)的《无限的应用》(*Uses of Infinity*)第 57 页中找到(兰登书屋,1962 年)。据我所知,还没有人能明确指出,对于一个线条图形来说,要构成可以重复的 $\aleph_1$ 个副本必须满足什么条件。有些图形

图 3.5 "超感官知觉"符号问题的证明

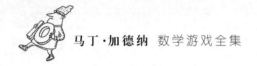
通过平移或旋转,有些图形通过缩小,有些图形通过平移加缩小,有些图形通过旋转加缩小,以得到可重复的 $\aleph_1$ 个副本。

我曾冒昧地在自己的专栏中报告,所有在拓扑上等价于一条线段或者一个简单封闭曲线的图形,都可以复制 $\aleph_1$ 次。但是马萨诸塞州康科德镇的一名高中生马克(Robert Mack),发现了一个简单的反例。考虑两个单位方格,像一个竖直的多米诺骨牌一样连在一起,然后去掉两根单位线条,使余下的部分形成数字5。这个图形不可以复制 $\aleph_1$ 次。

第 4 章
超 立 方 体

孩子们渐渐消失不见。

他们的身影化成了碎片，像是风中飘散的浓烟，

又像是在扭曲的镜中的运动一般。

他们手拉着手，朝着一个帕拉丁无法理解的方向一直

向前……

——刘易斯·帕吉特（Lewis Padget）

选自《真伪难辨》

身为哲学教授的帕拉丁无法理解的那个方向,是一个与空间的三个坐标轴全都垂直的方向。由这个方向延伸至四维空间的方式,就像一个棋子在与棋盘的 x 和 y 坐标轴都成直角的坐标轴上,向上延伸,这就进入了三维空间。在帕吉特这个精彩的科幻故事中,帕拉丁的孩子们找到了一个超正方体(四维超立方体)的铁丝模型,彩色的珠子沿着铁丝以奇特的方式滑动。这是一个玩具算盘,一名四维空间的科学家将它与一台时间机器熔铸在一起,然后扔进了我们的世界。这种算盘教会了孩子们如何从四维角度进行思考。在刘易斯·卡罗尔(Lewis Carroll)的《无意义的文字游戏》(Jabberwocky)里隐藏建议的帮助下,他们终于一起走出了三维空间。

人类的大脑是否有可能将四维结构视觉化呢?19世纪的德国物理学家亥姆霍兹(Hermann von Helmholtz)认为,假如给予大脑正确的输入数据,这就可能做到。不幸的是,我们的经验仅限于三维空间,并且没有一丁点儿的科学证据能够证明,四维空间确实存在。(不要把欧几里得的四维空间与相对论里非欧几里得的四维时空相混淆,后者把时间作为第四个坐标。)然而,可以想象的是,通过正确的数学训练,一个人是可以发展出设想一个超正方体的能力的。"一个毕生致力于此的人,"庞加莱写道,"或许可以成功地为自己描绘出第四维。"

欣顿(Charles Howard Hinton)是一个古怪的美国数学家,曾任教于普林斯顿大学,他写过一本畅销书叫做《第四维》(*The Fourth Dimension*),书中设计了一个系统,用彩色木块构成了一个超正方体的部分三维空间模型。欣顿相信,把这个"玩具"玩上许多年之后(它可能意指帕吉特故事中的那个玩具),他对于四维空间有了模糊的直观把握。"我不喜欢说得太肯定,"他写道,"因为,如果我错了,而这很有可能发生,那么我会在其他事情上损失许多时间。但对我自己来说,我认为有迹象显示,是这样一种直觉……"

在这里解释欣顿的彩色木块显得过于复杂了,[他1910年的书《思想新时代》(*A New Era of Thought*)中对此有完整的阐述]。但是,或许通过考察一些超正方体的简单特性,我们可以向欣顿自认为已经开始获取的视觉化能力摇摇晃晃地迈进几小步。

让我们从一个点开始,把它沿直线移动一个单位距离,如图4.1a所示。这条单位直线上的所有点可以通过数字来标记,一端为0,另一端为1。现在将此单位线段沿着垂直于线条的方向移动一个单位距离(如图4.1b)。这会产生一个单位正方形。把一个角标记为0,然后将两条相交于角0处的线段从0到1进行标记。有了这些x和y坐标,我们现在可以用有序的数对来标记正方形上每一个点。要看到下一步就很容易了。将正方形沿同时与x和y轴成直角的方向移动一个单位距离(如图4.1c)。这构成了一个单位立方体。通过沿相交于一个角的三条边的x、y、z坐标轴,我们可以将这个立方体中的每一个点用一个有序三数组来标记。

到了下一步,尽管我们有点难以从直观上理解,但没有什么合乎逻辑的理由不能让我们假设,将这个立方体往与所有三个坐标轴垂直的方向移动一个单位距离(如图4.1d)。通过这样一次移动产生的空间,就是一个四维空间的单位超立方体——一个超正方体——四条相互垂直的边相交于

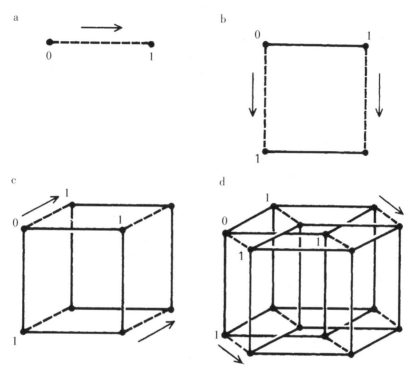

图4.1 生成一个超立方体的步骤

每个角。通过选择一组这样的边作为w、x、y、z坐标轴,我们就可以用一个有序四数组来标记超立方体中的每一个点。和使用有序的数对、三数组来解决平面和立体几何中的问题一样,解析几何学家也可以使用这有序四数组来解决问题。应用这样的方式,欧几里得几何可以被拓展到任意正整数所表示的维度构成的更高维空间。每一个空间都是欧几里得空间,但是每一个都拓扑不等价:一个正方形不能连续变形为一条直线,一个立方体不能连续变形为一个正方形,一个超立方体不能连续变形为一个立方体,等等。

对于四维空间图形的精确研究,仅可以基于四维空间的公理系统进行,或是对w、x、y、z的四维坐标系方程进行分析。但超正方体是如此简单的

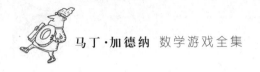

一个四维空间结构,我们可通过直观和类比的推理来猜想它的许多特性。一个单位线段有两个端点。当它移动产生一个正方形时,它的端点有起止位置,因此正方形上角的数量是线段上端点数量的两倍,或者说是4个。两个移动的点产生两条线,但是单位线段有起止位置,所以我们必须再加上两条线,以获得构成正方形的4条线。

当移动正方形以产生一个立方体时,类似地,它的4个角有起止位置,因此我们把4乘以2,得到立方体有8个角。在移动的时候,4个点的每一个都产生了一条线,但是在这4条线的基础上,我们必须在其开始位置加上4条线,在其停止的位置也加上4条线,构成立方体的4 + 4 + 4 = 12条边。移动正方形产生的4条线构成了4个新的面,加上起止位置的面,在立方体表面就构成4 + 1 + 1 = 6个面。

现在,假设立方体在与其他3条轴垂直的第四条轴方向上被推移了一个单位距离,这个方向我们无法指出,因为我们被困在三维空间之中。立方体的每个角还是有起止位置,因此产生的超正方体有2 × 8 = 16个角。每个点产生了一条线,但是在这8条线的基础上,我们必须加上开始位置和停止位置的各12条线,构成超正方体的8 + 12 + 12 = 32条边。立方体的12条边各产生一个正方形,但是在这12个正方形的基础上,我们必须加上推移之前和推移之后的各6个正方形,在超正方体的超表面上构成12 + 6 + 6 = 24个正方形。

超正方体由24个正方形为边界构成,这个假设是错误的。它们仅仅构成了超立方体的框架,正如立方体的边线构成了它的框架一样。一个立方体是以正方形的面为边界构成的,而一个超立方体是以立方体的面为边界构成的。当一个立方体被推移时,它的每个正方形面往一个与其所有面成直角的无法想象的方向移动了一个单位距离,从而产生了另一个立方体。在这6个移动正方形产生的6个立方体基础上,我们必须加上推移之前和

表4.1 多维情况下类立方体结构的元素数

n维空间	点	线	正方形	立方体	超正方形
零	1	0	0	0	0
一	2	1	0	0	0
二	4	4	1	0	0
三	8	12	6	1	0
四	16	32	24	8	1

推移之后的各一个相同的立方体,构成总共8个立方体。这8个立方体构成了超立方体的超表面。

表4.1给出了一至四维空间中的"立方体"的元素数。有一个简单而令人惊讶的技巧可以将这个表格往下扩展为更高的n维空间"立方体"。将第n行看成是二项式$(2x+1)^n$的展开式。例如,一维空间中的线段有两个顶点和一条线。把它写为$2x+1$,并且与自身相乘:

$$\begin{array}{r} 2x+1 \\ 2x+1 \\ \hline 4x^2+2x \\ 2x+1 \\ \hline 4x^2+4x+1 \end{array}$$

注意该答案的系数与表格的第3行相对应。事实上,将表格中的每一行写成一个多项式,再乘以$2x+1$,就给出了下一行。五维空间"立方体"的基本元素是什么呢? 将超正方形这一行写成一个四次幂的多项式并且乘以$2x+1$:

$$\begin{array}{r} 16x^4+32x^3+24x^2+8x+1 \\ 2x+1 \\ \hline 32x^5+64x^4+48x^3+16x^2+2x \\ 16x^4+32x^3+24x^2+8x+1 \\ \hline 32x^5+80x^4+80x^3+40x^2+10x+1 \end{array}$$

系数给出了表格的第6行。五维空间"立方体"有32个点、80条线、80个正方形、40个立方体、10个超正方体，以及一个五维空间立方体。注意，表格中的每个数，等于它上方数的两倍加上左上方的数。

如果你拿着一个立方体的金属框架，让光线将它的影子投射到一个平面上，你可以通过转动它来产生不同的投影图案。如果光线来自一个距离立方体较近的点，并且立方体以某种方式被固定的话，你会获得如图4.2所示的投影。这个平面图案的网络有着所有立方体框架的拓扑特性。例如，如果没有经过一条边两次的话，一只苍蝇不能以一条连续的路径走过立方体所有的边，也无法在平面网络投影上做到这一点。

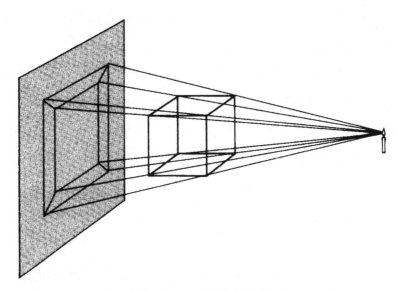

图4.2 二维空间里的立方体投影

图4.3是在三维空间中一个超正方体的边的投影。更准确地说，它是一个三维模型的平面投影，而这个模型又是超正方体的投影。所有由表格给出的超正方体元素很容易在这个模型中找到，尽管8个立方体中的6个有一定的透视扭曲，正如立方体的4个正方形面在其平面投影上也有扭曲一样。这8个立方体是大立方体，内部的小立方体，以及6个围在小立方体周

边的六面体。(读者也应该尝试着在图4.1d中找到8个立方体——这是从另一个角度投射到另一个三维空间模型中的超正方体投影。)在这里,两种模型再次与那些超正方体边的拓扑特性一致。在这种情况下,一只苍蝇可以在不经过任何边两次的情况下走过所有边。(总的来说,仅在偶数维空间"立方体"上,苍蝇可以完成这件事,因为只有在偶数维平面中,有偶数条边在每个顶点处相交。)

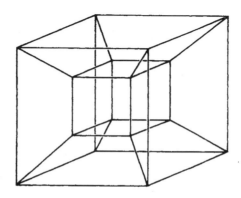

图4.3　三维空间里的超正方体投影

单位空间"立方体"的许多特性,可以用适用于所有维度空间"立方体"的简单公式来表达。例如,一个单位正方形的对角线长度为$\sqrt{2}$。单位立方体上长对角线的长度为$\sqrt{3}$。总的来说,n维空间单位"立方体"从一个角到其相对角的对角线长度为$\sqrt{n}$。

边长为x的正方形面积为x^2,周长为$4x$。什么尺寸的正方形面积与其周长数值相等？公式$x^2 = 4x$给出了x的一个值为4。因此唯一的答案是,一个边长为4的正方形。什么尺寸的立方体体积与它的表面积数值相等?在读者回答完这个简单问题之后,再回答下面两个应该不是什么难事:

(1) 什么尺寸的超立方体的超体积(用单位超立方体量度)与它的超表面积(用单位立方体量度)数值相等?

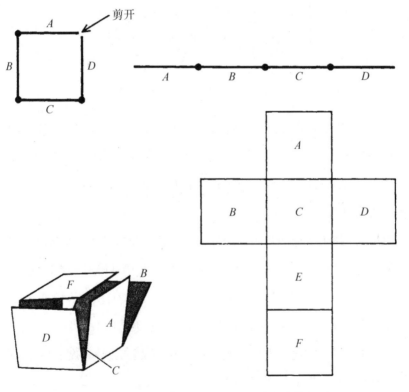

(2) 对于一个 n 维空间"立方体",它的 n 维体积与 $(n-1)$ 维"表面积"数值相等的公式是什么?

趣题书籍上提到关于立方体的问题时,很容易问到超正方体,但回答起来却不怎么容易。考虑可以放入一个单位正方形内的最长线条。这显然是长为 $\sqrt{2}$ 的对角线。可以放入一个单位立方体内的最大正方形是怎样的?如果读者可以成功地回答这个相当棘手的问题,并且能学会将此应用到四维空间中,那么你可以去尝试一下更难的问题,寻找可以放入一个单位超正方体的最大立方体。

对涉及超正方体的有趣组合问题,通常最好的解法,是首先考虑正方形和立方体的类似问题。将一个正方形的一个角剪开(见图 4.4 上),其 4 条线

图 4.4　展开一个正方形(上)和一个立方体(下)

段可以如图展开,形成一个一维图形。每条线段绕着一个点旋转,直至所有的线段都在同一个一维空间上。要展开一个立方体,可以将它想象成由边相接的正方形构成;将7条边剪开,就可以展开这些正方形(见图4.4下),直到它们都平放在二维平面上,形成一个六联骨牌(在边上相接的6个单位正方形)。在这个例子里,每个正方形绕着一条边旋转。将不同的边剪开,可以将立方体展开成不同的六联骨牌形状。假设一个不对称的六联骨牌与它的镜像算同一种结构,那么展开一个立方体,可以形成多少种不同的六联骨牌?

形成超正方体外表面的8个立方体也可以用类似的方式剪切并且展开。要直观地了解一个四维空间中的人是如何(用三维的视网膜?)"看见"空心的超正方体,是一件不可能的事。然而,构成超正方体的8个立方体是真实的表面,意即一个超维的人用一根超维针的针尖可以在任何立方体内触碰到任意点,而无需穿过任何立方体内部的其他点,就像我们用一根针,可以在不穿过一个立方体的正方形面上任何其他点的情况下,碰触到正方形面上的任意一点。点在一个立方体的"内部"仅仅是对我们而言。对一个超维的人来说,一个超正方体的每个立方体"面"上的每一点,在他用他的超维手指转动这个超正方体时,都直接暴露在他的视野之内。

更难以想象的是,一个在四维空间的立方体可以绕着它的任意一个面旋转。构成超正方体超表面的8个立方体在其面上相接。实际上,超正方体中24个正方形的每一个都是两个立方体的一个接点,通过研究三维空间的模型可以很轻松地获得验证。如果这24个正方形中的17个被分割开来,分开了在那些接点处的一对对立方体,并且这些分割点的位置正确,那么这8个立方体将可以自由地绕着7个未被分割开的正方形旋转,而它们保持相连,直到所有的8个立方体位于同一个三维空间之中。那时,它们将会形成一个八阶的多联立方体(在面上相接的8个立方体)。

图4.5　达利的《受难日》,1954年
大都会艺术博物馆,切斯特·戴尔(Chester　Dale)赠,1955年

达利(Salvador Dali)的油画《受难日》(*Corpus Hypercubus*,见图4.5,纽约大都会艺术博物馆所藏)显示了一个超立方体展开而形成一个十字形状的多联立方体,类似于十字形状的六联骨牌。观察达利是如何通过将他的超立方体悬在一个棋盘上方,并用一束遥远的光让基督的手臂投射下阴影,来强烈表现二维和三维空间对比的。通过将十字架作为一个展开的超立方体,达利象征性地表现了正统基督教的信仰,即基督之死是一个元历史事件,它发生的地区超越了我们的时间和三维空间,可以说,在我们有限的视觉下,它以一种未加修饰的"显露"方式被看见。用欧几里得的四维空间作为"所有其他"世界的象征,很久以来已经成为乌斯宾斯基(P. D. Ouspensky)之类的神秘主义学者,以及几个主要的新教神学家[特别是德国神学家海姆(Karl Heim)]所喜爱的主题。

在一个更通俗的层面,展开的超立方体为海因莱茵(Robert A. Heinlein)的疯狂故事"他造了一座歪楼"提供了噱头,这篇文章可以在法迪曼(Clifton Fadiman)的文集《数学幻想曲》(*Fantasia Mathematica*)中找到。一位加利福尼亚建筑师以展开的超立方体形式建造了一座房子,与达利的多联立方体正好上下颠倒。当地震摇动了房子时,它折叠成了一个中空的超立方体。它的样子看上去是单个的立方体,因为在我们的空间里,它是以立方体面的形式出现,就像一个矗立在平面上的用纸板折成的立方体,对二维平面上的居民来说,看上去就是一个正方形。在超正方体内部,有一些值得一探之处,并且通过房子前面的窗看到的景致非同寻常。又来了一次地震,它们完全掉出了我们的空间。

我们宇宙的一部分可能会掉出三维空间外,这种观念听起来疯狂,实际上却不是。美国著名的物理学家惠勒(J. A. Wheeler)有一个非常大的"掉出"理论,用来解释类星射电源或者类星体所发出的巨大能量。当一颗巨大的恒星经历引力坍缩的时候,也许其中心部分是由这样难以置信的密度所构成,以致它使时空聚拢成一个液滴。如果曲率足够大的话,这个液滴会在其中间处收缩,其质量会掉出时空范围,并在消失的时候释放出能量。

不过,让我们回到超立方体的最后一个问题。将一个中空的超立方体展开到三维空间,可以形成多少种不同的八阶多联立方体?

补　遗

英格兰萨塞克斯郡爱琴汉姆市的顾问工程师巴顿(Hiram Barton),对于欣顿的彩色立方体有如下严肃的评论:

尊敬的加德纳先生:

当我阅读你对于欣顿立方体的说法时,背上直冒冷汗。我差不多完全迷上了1920年代的这些事物。当我说他们全部都脑子坏了的时候,请相信我。我唯一遇见过的、曾经真正和他们一起工作过的人士是塞德拉克(Francis Sedlak),一位捷克新黑格尔主义哲学家[他写过一本书叫做《开天辟地》(*The Creation of Heaven and Earth*)],住在格洛斯特郡斯特劳德附近的一个类似奥奈达的社区。

你一定知道的是,这个技巧基本上来说,是对构成大立方体的彩色单位立方体的相接内部面进行连续的可视化。在这一点上,要获得相应能力并不困难,但是这个过程是一种自我催眠,在一段时间以后,这一系列的面开始在一个人的头脑中自动串联起来。从某种程度上说,这是令人愉快的,但直到 1929 年我去看望塞德拉克,我才意识到在一个人头脑中设置一个自发的程序有多危险。我必须指出,要想走出来,可以有意识地建立一个与前一个程序相反的系统,其核心立方体各面显示不同的颜色,但解除催眠的过程是缓慢的,并且我完全不建议任何人去玩这样的立方体。

1972 年,纽约市的考夫曼(Eytan Kaufman)发明并制造出了一个吸引人的超立方体模型,它由预先涂色的黑白色铝条做成,并且设计成可以活动的挂件。它由现代艺术博物馆经销,商品名为超正方体。

据我所知,对我的专栏上列出的以下两个问题,至今没有公开的解决方法,而我也没有答案:

(1)可以放入一个单位超正方体的最大立方体是怎样的?

(2)将一个中空的超立方体分割,并展开到三维空间,可以形成多少种不同的八阶多联立方体?

第二个问题我收到了好几个答案,而第一个问题我只收到了 7 个。不巧的是,对每个问题没有两个解答是一致的,而我没有能力对它们中的任何一个进行判断。在任何一个问题的答案被发表并验证之前,这两个问题都只能说是悬而未决。

答　案

　　边长为 x 的超立方体的超体积为 x^4。它的超面积大小为 $8x^3$。如果这两个数值相等，那么方程给出 x 的值为8。总的来说，一个 n 维空间"立方体"，若其 n 维体积与其 $(n-1)$ 维"表面积"数值相等，则它是一个边长为 $2n$ 的 n 维空间"立方体"。

　　可以放入一个单位立方体内的最大正方形是如图4.6所示的正方形。正方形的每个角到立方体的某一个角的距离都是1/4。正方形的面积正好是9/8，边长是 $\sqrt{2}$ 的3/4。熟悉将最大可能的立方体推过一个小一点立方体上的正方形孔这个老问题的读者会发现，这个正方形正是那个正方形孔的极限尺寸的横截面。换句话说，边长略小于 $\sqrt{2}$ 的3/4的立方体可以被推着通过一个单位立方体上的正方形孔。

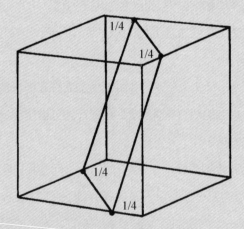

图4.6　将一个正方形塞入一个立方体

图4.7显示了可以折成一个立方体的11种不同的六联骨牌。它们形成了35种不同的六联骨牌中令人沮丧的一套，因为无法将它们合起来构成任何一种包含有66个单位正方形的矩形，但是或许可以用它们构成一些有趣的图案。

图4.7　可以折成立方体的11种六联骨牌

第 5 章
幻星和幻多面体

"我的几何总是很差，"他开始说道。

　　"我早就知道，"魔鬼狡黠地说道。

　　张牙舞爪的火焰，穿过了亨利画错的那个无用六角星的粉笔线条，奔他而来，

　　而这本该是一个有保护作用的五角星。

——引自布朗(Frederic Brown)

《地狱的蜜月之旅》(*Honeymoon in Hell*)

中的"顺理成章"(Naturally)

过去的数十年间,组合数学领域日渐受到数学家的关注。随着这一场复兴,曾经仅仅被视为智力趣题的组合问题成了新的关注点。瑞泽(Herbert J. Ryser)在他那本完美的小册子《组合数学》(*Combinatorial Mathematics*,美国数学协会1963年出版)的开头,展示了3×3的幻方,而这在公元前数个世纪的中国就已经有人知晓。"许多过去出于个人娱乐或艺术表达而研究的问题,如今在纯粹科学及应用科学上价值重大,"他写道。"不久以前,有限射影平面还被认为是一个组合难题。而如今,它们在几何学基础和实验分析设计中是基本知识。我们的新兴技术及其对离散数学的重点关注,已经为过去仅供消遣娱乐的那些数学赋予了新的严肃用途。"

幻方是家喻户晓的。在这一章中,我们将讨论的是没有那么为人熟知但与幻方关系密切的课题——幻星。它是趣味组合数学的一个分支,与图论及多面体的框架结构都有令人激动的交叉部分。

最简单的多边星形是为人所熟知的五角圣诞星,在孩提时代我们就学会了如何沿着一条由五条直线段连成的路径一笔画出它。它是古希腊毕达哥拉斯学派的身份标志,也是他们表达健康的象征。古老的希腊硬币上常常会有这个记号。对中世纪和文艺复兴时期的巫术来说,它是那个神秘的"五角星"或者"五A形"。(第二个名字源自重叠的五个大写字母A可以构成这个符号。)叠放在一起也可以构成五角星的三个大等腰三角形被视为三位一体的象征,而星形的顶点通常被标上"J-E-S-U-S"(耶稣)。当歌德(Goethe)作品中的浮士德在开始学习画五角星时,他没有将五角星的线条闭合。外顶点处的这个小缝隙,导致魔鬼摩菲斯特溜了进去,然后被星形内的五边形困住了。其后,当浮士德熟睡时,魔鬼命令一只老鼠将这个五边形啃出了一个缺口,然后偷偷溜走了。

在五角星的每个顶点处画一个圆(见图5.1)。是否有可能将整数1到10放入这10个圆内,使每一条线的四个数总和相同?要确定这个"幻数"是很简单的。数1至10的总和为55。每个数出现在两条线上,因此五条线上的数的总和必定是55的两倍,即110。由于五条线的每一条上数的总和相等,这个和必定是110/5,即22。如果存在一个"五角幻星",那么它的幻数必定是22。

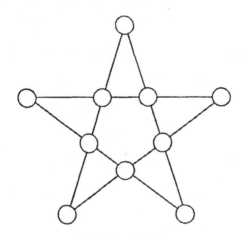

图5.1 五角星

这样的五角幻星没有出现在任何有关巫术的文献中,这一事实有力地证明了它不可能存在。并且,如果你有那么一点儿聪明才智的话,的确可以证明,这是无法做到的。[参见朗曼(Harry Langman)的《玩数学》(Play Mathematics),1962年,80—83页。]我们最多能做到,在不重复任何一个数,也不使用零或负数的情况下，将各顶点标记上 1，2，3，4，5，6，8，9，10，12，如图 5.2 左所示。这构成了一个有缺陷的五角幻星，它拥有最小可能的幻数 24，以及最小可能的最大数 12。

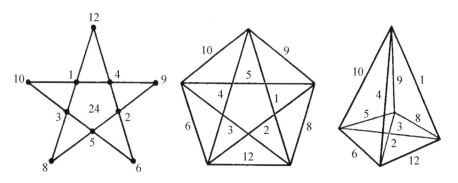

图 5.2　五角星（左）、五点的完全图（中）和五胞体框架（右）

现在考虑以下看似与五角星无关的问题。是否有可能标记五胞体或称四维四面体的 10 条边，使得在每个角相交的边上数的总和相等？令人意外的是，这个问题刚刚已经被回答过了。从组合学的角度来看，这与关于五角星的那个问题是等价的！首先，画出如图 5.2 中所示的图形。这被称为五点的完全图，因为它将每个点与所有其他点连了起来。如果你将五角星顶点处的数与这个图形边上的数进行比较，你会发现它们的组合结构有同一性。五角星中每条线上的 4 个数与这个图形有公共顶点的 4 条边上的那一组数相对应。因为五角幻星并不存在，要画一张五点的"幻完全图"也是不可能的。

现在，五点的完全图在拓扑意义上与四维四面体的框架是一样的。你可以通过比较图形上的数与五胞体框架在三维空间中的投影（如图 5.2 右）来证实。因此，也不可能有"幻五胞体"。由于五胞体框架上显示的数可以映射回五角星上的那些数，我们知道我们已经对五胞体给出了一个非连续数的解答，这个解答有着最小的幻数和最小的最大数。

当我们转向六角星时,情况发生了有趣的变化——六角星又称为六芒星、所罗门封印及大卫之星(见图5.3),这个图形在神秘主义和迷信行为历史上几乎与五角星同样出名。因为有六条边,每个顶点属于两条边,并且因为数1到12的总和为78,我们得出幻数为(2 × 78)/6,即26。如图5.3所示,一个"六角幻星"是可以做成的。

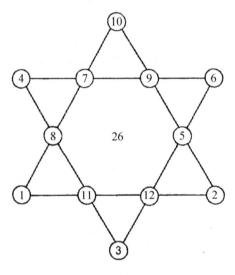

图5.3 六角幻星

要列出所有不同的六角幻星,不计旋转和反射,这个问题并不简单。获得新模式的一种方法,是将六角星变形为它的对偶图(如图5.4左),相同的数标记在与幻顶点对应的线上。不难看出,这个图在拓扑意义上与八面体的框架(如图5.4中)是一样的,它是五个柏拉图多面体之一。我们现在可以旋转这个八面体,并以任何我们想要的方式将其进行镜射,然后将上面的数映射回六角星(按照原来的编号将线映射为顶点),得到六角幻星的新模式。

六角星也可以进行与八面体旋转和镜射无关的其他变形,这会产生更多解。此外,每一个幻星有一个所谓的"补集",当n是幻星中连续整数的最高

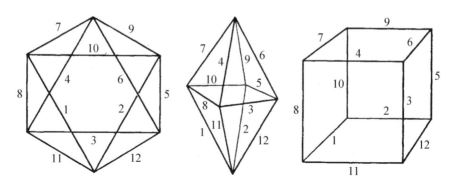

图5.4　六角星(左)、等价的八面体(中)和立方体(右)

值时,可以通过用 $n+1$ 与顶点数之差来替换每一个数,以获得这个"补集"。有80个不同的解,由解答可知,其中12个解中,幻星外点的总和也为常数。

还可以再说两句:八面体也是一种所谓的"对偶多面体",因为当每一面都被替换为一个顶点,而每一个顶点都被一个面替换时,其边保持不变。八面体的对偶是立方体,这使得我们可以对一个立方体的12条边用数1到12进行标记(如图5.4右),让这个立方体的面具有"幻性",即构成每一个面的四条边上的数之和都是26。

七角星,即有七个外顶点的星星(如图5.5),是否可以用数1到14来标记顶点,令其变成幻星? 是的,我把这个问题留给读者,看看你多快可以找到72种不同方法中的一种。幻数是 $(2 \times 105)/7$,即30。进行这项工作的最佳方式是画一个大的图,然后将数标在可以滑过纸面的小棋子上。警告:一旦开始,你会发现很难停手,直到找到一个解答为止。

八角星,即有八个外顶点的星星,它的一种解如图5.6左所示。你会注意到,其幻数——34,也是两个大正方形各自四个角上数的总和。图5.6右上展示了一个有幻顶点的相应图形,而图5.6右下则展示了一个具有等价

71

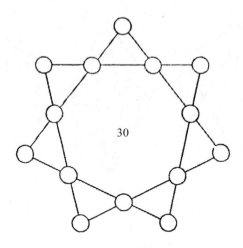

图 5.5　七角星

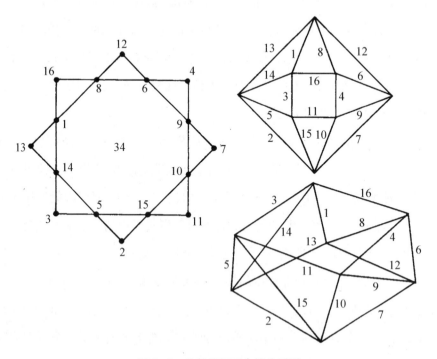

图 5.6　八角星和两个等价图形

框架的立体。八角星共有112种解答。

　　显然,与各种多边形的边、顶点或面的标注有关的组合问题是无穷无尽的,因此幻数可以由多种途径获得。许多这样的问题可以转化为等价的幻星问题。例如,五个正多面体中,哪些可以通过在其边上标注连续整数,使得它们的角具有幻性?很容易证明,在四面体上,这是不可能的。(参见我的《科学美国人趣味数学第6辑》,费雷曼(W. H. Freeman)出版公司,1971年,第194页。)在立方体上是否有可能?立方体的12条边(如图5.7左)与八角星的12个加重顶点(如图5.7右)相对应。因为每个点在两条边上,幻数必然是$(2 \times 78)/8$,即$19\frac{1}{2}$。这不是一个整数,所以我们立刻明白这个问题无解。我们最多能做到的,是如图5.7所示标记点(或立方体的边),获得一个有缺陷的解答,它拥有最小幻数20和最小的最大数。由于八面体是立方体的对偶多面体,这自动解决了用不同的非连续、非零正整数来标注八面体的边,以获得其面上最小幻数的问题。

　　我们已经知道,八面体的边可以用连续整数标记,使其角具有幻性。在二十面体和十二面体上,幻数都不是整数,因此它们都无解。因为这两种多

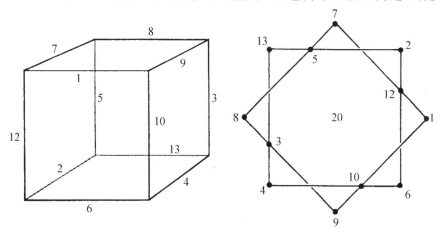

图5.7　幻立方体框架和八角星

面体互为对偶,使它们的面具有幻性的相应问题也是无解的。

如果我们只标记六角星的9个顶点,如图5.8左所示,我们所得的幻星问题,相当于在一个三角柱(如图5.8右)上用数1到9标注其9条边,使其6个角具有幻性。幻数必须是$(2 \times 45)/6$,即15。可以做到吗?这个问题是不难的。

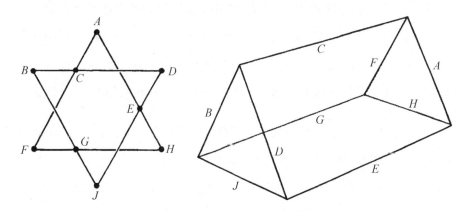

图5.8　幻三角柱(右)是否可能存在? 左边是与它等效的星形

补　遗

几位读者寄来了五角幻星不可能存在的清楚证明。明尼苏达大学的理查兹(Ian Richards)的证明过程如下。

1. 数1和10必须在同一条线上。通过数1的两条线中的每一条必须包含另3个相加得21的数,因此这6个数必须相加得42。如果10不是这6个数中的一个,最大可获得的总和为$9 + 8 + 7 + 6 + 5 + 4 = 39$。

2. 设线l包含了数1和10,l_1是另一条通过数1的线,l_2是另一条通过数10的线。l包含的数必定是4种可能的组合之一。对四数组$(1,10,4,7)$,不存在合适的l_1和l_2的4个数。l的3种可能组合确定了其他两条线上的4个数:

l	l_1	l_2
1,10,2,9	1,6,7,8	10,5,4,3
1,10,3,8	1,5,7,9	10,6,4,2
1,10,5,6	1,4,8,9	10,7,3,2

3. 线 l_1 和 l_2 必定有一个共同的数。在这三种可能的情况中,都不存在这样的数。因此,五角幻星不可能存在。

杜德尼在1926年的《现代谜题》(*Modern Puzzles*)中,首次尝试枚举六角幻星和七角幻星的解的个数,《现代谜题》是在杜德尼的《536个谜题和有趣问题》(*536 Puzzles and Curious Problems*)中重印的两本书之一[斯克里布纳(Scribner's)出版社,1967年]。他在两个问题中都犯了错。俄克拉何马州伊尼德的乌尔里希(E. J. Ulrich)和法国巴黎的多梅尔格(A. Domergue)找到了六角幻星的80种模式(比杜德尼多了6种)。而七角幻星有72种解法(之前杜德尼找到56种),首次由明尼苏达州北圣保罗的蒙哥马利(Peter W. Montgomery)太太提出。乌尔里希和多梅尔格证明了这个结论,之后加拿大滑铁卢大学的莫尔东(Alan Moldon)所写的计算机程序也对此予以了肯定。

多梅尔格列出了112种八角幻星的解法,对于九角幻星,他估计有超过2000种解法。阿根廷布宜诺斯艾利斯的劳比切克(Juan J. Roubicek)1972年证明了关于六角、七角和八角幻星的结论。这些图形不计旋转和镜射,但包含了补集。

答　案

第一个问题——在七角星的顶点处放上整数1到14,使每一条线上的4个数总和为30——有72种不同的解法。其中在星星外顶点处放上前七个整数的一个解法,如图5.9所示。

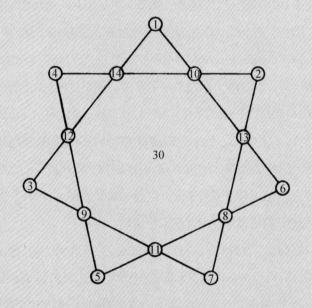

图5.9　七角星问题的解

第二个问题是,确定是否有可能在三角柱的9条边上用整数1到9进行标记,使相交于每个顶点的三条边上数的总和为15。已证明,该问题与图5.10中将9个数放在六角星的点上,使每条边上的3个数的总和为15的问题是等价的。

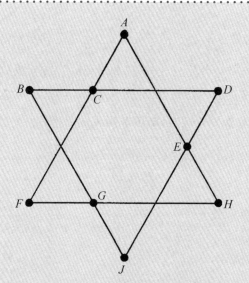

图5.10 三角柱问题的六角星图形

假设存在一个解。那么：

$$A+C+F=A+E+H$$
$$C+F=E+H \tag{1}$$

$$B+C+D=D+E+J$$
$$B+C=E+J \tag{2}$$

$$F+G+H=J+G+B$$
$$F+H=J+B \tag{3}$$

结合(1)和(2)，我们有：

$$(C+F)-(B+C)=(E+H)-(E+J)$$
$$F-B=H-J \tag{4}$$

结合(3)和(4)，我们有：

$$(F-B)+(F+H)=(H-J)+(J+B)$$
$$2F-B+H=H+B$$
$$2F=2B$$
$$F=B$$

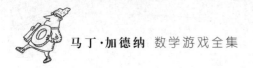

但 F 不能等于 B,因为问题要的是 9 个不同的整数。因此,我们推断出原来的假设是错误的,问题无解。你会注意到,这证明了一个比题目要求更强的结论。无论用任何不同的、连续或不连续的数,还是用有理数或无理数,都不可能使该图形具有幻性。

第 6 章
心算奇才

进行迅速心算的能力，似乎与整体智力的相关性并不高，而与数学洞察力和创造力的相关性则更低。一些最杰出的数学家在找零钱时会束手无策，而许多专业的"心算家"（尽管不是最好的）在其他心智能力方面却是笨人一个。

然而，有一些伟大的数学家也是运算熟练的心算家。例如，高斯（Carl Friedrich Gauss）就展示了他那令人叹为观止的心算本领。他喜欢吹嘘说，在开始牙牙学语之前他就已经知道如何计算了。当他只有三岁的时候，他的父亲，一个瓦工，正在为他的工人计算周薪，年幼的高斯一开口就让他吓了一跳。"父亲，这个计算错了……"男孩给出了一个不同的总和，当这一长串数被再次相加后，证明他是正确的。没有人教过这孩子任何算术。

冯·诺伊曼（John von Neumann）是一位数学天才，他也具备这种无需纸笔就可进行心算的奇特能力。在《比一千个太阳还亮》（*Brighter than a Thousand Suns*）一书中，容克（Robert Jungk）讲述了第二次世界大战期间在洛斯阿拉莫斯召开的一个会议，在这个会议上，冯·诺伊曼、费米（Enrico Fermi）、泰勒（Edward Teller）和费恩曼（Richard Feynman）交换各自想法，火花四溅。每当引入一个数学计算时，费米、费恩曼和冯·诺伊曼会立刻开始行动。费米会使用一把计算尺，费恩曼会敲击一台桌上计算器，而冯·诺伊曼会进行心算。容克写道(引用自另一位物理学家),"心算总是第一个完成,而三个答案总是那么相近,真是太厉害了。"

高斯、冯·诺伊曼和诸如欧拉(Leonhard Euler)、沃利斯(John Wallis)等其他数学天才的心算能力看起来似乎是不可思议的;不管怎样,他们令一群活跃于19世纪的英国、欧洲大陆和美国的心算特技演员都黯然失色,除了那些怀有绝技的专业舞台心算表演家。他们中的许多人在还是孩童的时候,就开始了自己的心算生涯。虽然其中一些人写下了一些心算方法,并且被心理学家所研究,但看起来他们将大部分的秘密藏了起来,或者可能连他们自己也不完全明白他们是怎么做到的。

首位舞台心算表演家科尔伯恩(Zerah Colburn),1804年出生在佛蒙特州的卡伯特。同他的父亲、曾祖母及至少一位兄弟一样,他的每只手都有一根额外的手指,每只脚也都有一根额外的脚趾。(在他10岁左右的时候,额外的脚趾被截掉了。人们不禁要问,它们是不是刺激了他计数和计算的最初努力?)在会读写以前,这个孩子就学习了100以内的乘法表。他的父亲,一个贫穷的农民,很快看到了商机,在这个孩子只有6岁的时候,他父亲就带他出去巡回表演了。在他8岁的时候,他在英格兰的表演是有据可查的。他可以几乎在瞬间将任意两个四位数相乘,但在五位数上会有少许犹豫。当让他用21 734乘以543时,他即刻说道:11 801 562。问他是如何做到的,他解释说,543等于181乘以3。因为比起543,用181去乘更容易,他先用21 734乘以3,然后将结果乘以181。

欧文(Washington Irving)和其他崇拜这个男孩的人凑足了钱送他去学校,一开始是在巴黎,然后在伦敦。此后,要么是他的计算能力减弱了,要么是他对这种技艺的兴趣降低了。他20岁时回到美国,然后做了10年的卫理公会教派巡回牧师。他那曲折离奇的自传《科尔伯恩回忆录》(*A Memoir of Zer-*

ah Colburn)记载了他独特的计算方法,于1833年在马萨诸塞州的斯普林菲尔德出版。在他35岁去世之际,他正在佛蒙特州的诺威奇大学教授外语。[不要把他和他侄子相混淆,他们的名字相同,他侄子撰写了机械工程方面的书籍,包括一本广受欢迎的书《机车发动机》(*The Locomotive Engine*)。]

在英国也有类似科尔伯恩的舞台表演者,比德(George Parker Bidder)1806年出生于德文郡。据说,他的父亲,一个石匠,只教了他怎么数数,他就学会了用弹珠和扣子来做算术。他和父亲一起出去巡回表演时才9岁。陌生人向他提出的一类典型问题是:如果月亮离地球123 256英里远,而声音每分钟传播4英里,声音要多久才能从地球传到月球(假设这是可行的)?在不到一分钟的时间内,这个男孩回答道:21天9小时34分钟。当被问到119 550 669 121的平方根时,他(当时10岁的年纪)在30秒内回答道345 761。1818年,当他12岁时,科尔伯恩14岁,这两个神奇的小男孩在德比郡的小路上相遇,并且赛了一场。科尔伯恩在他的回忆录中暗示是他赢了比赛,但是伦敦的报纸则将比德认定为胜者。

爱丁堡大学的教授说服了老比德让他们接手他孩子的教育。这男孩在大学里表现出色,并且最终成为英格兰最为成功的工程师之一。他的大部分工作都和铁路有关,但如今他最为人熟知的,可能是设计并且监督了伦敦维多利亚码头的建造。比德的计算能力并没有随着年龄增长而消退。在他于1878年去世前不久,有人提到,每英寸光中有36 918个红色光波。假设光以190 000英里每秒的速度行进,那个人想知道,有多少个红色光波会在一秒钟内进入眼睛。"你不需要计算,"比德说,"光波数为444 433 651 200 000。"

科尔伯恩和比德都是通过将大的数分解为几个部分,然后从左至右用一种代数交叉技巧进行相乘,这个技巧如今在小学里常常教授,给"新数学"带来了压力。例如,236 × 47可以转换为(200 + 30 + 6)(40 + 7),处理

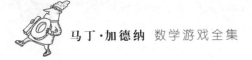
方式如图6.1所示。假如读者闭上眼睛进行尝试,会惊讶地发现,心算时使用这个方法比用熟悉的从右至左的方法要容易得多。"诚然,与通常的规则相比,这个方法需要大量的计算,"科尔伯恩在回忆录中写道,"但是科尔伯恩只需花费很少笔墨就能得到结果。"(在他的书中,科尔伯恩以第三人称书写。)为什么心算时这个方法更容易做?在一次给伦敦的土木工程师学院讲授其方法的很有价值的讲座上(发表于1856年该学院学报第15卷),比德给出了答案。在每一步计算之后,脑子里必须"有且仅有一件事",直到完成下一步计算。

$$236 \times 47$$
$$236 = 200 + 30 + 6$$
$$47 = 40 + 7$$

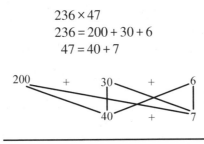

1. $40 \times 200 = 8000$

2. $8000 + (40 \times 30) = 9200$

3. $9200 + (40 \times 6) = 9440$

4. $9440 + (7 \times 200) = 10\,840$

5. $10\,840 + (7 \times 30) = 11\,050$

6. $11\,050 + (7 \times 6) = 11\,092$

图6.1

尽管很少有人承认,但所有舞台心算表演家更喜欢这个方法的另一个原因,是他们可以在进行计算的同时报出结果。这通常与其他技巧一同使用,给人的印象是计算时间比实际上要少得多。例如,一个心算家会重复一个问题,然后进行回答,仿佛这个答案是瞬间进入他头脑的,而实际上当他还在说第二个数的时候,他就已经开始计算了。有时候,他甚至通过假装没有听到问题,让提问重复,来获得更多的时间。在阅读任何观察者声称心算家可以"即刻"算出答案的报道时,必须要记得这些技巧。

我将简略介绍一下心算家之中所谓的白痴学者。他们并不像公众所说的那么愚蠢;另外,他们的速度比那些更聪明的舞台表演家要慢得多。18世纪的英国农民巴克斯顿(Jedediah Buxton)是这类人中最早被发现的之一。他终其一生都是农民,且从来没有公开表演过,但是在当地的名声使他得以去到伦敦,由英国皇家学会进行测试。有人把他带到德鲁里巷剧院,去看《理查三世》中加里克(David Garrick)的表演。被问到表演怎么样时,巴克斯顿回答说,那个演员说了 14 445 个单词,并且走了 5202 步。巴克斯顿有计数和测量的强迫症。据说,他可以走过一片地方,然后对这块区域给出以平方英寸为单位的异乎寻常准确的面积估计,稍后他会缩减到以平方头发丝宽度的大小为单位,假设一英寸相当于 48 根头发丝的宽度。他从来没有学过阅读、写字,或用写下的数字进行计算。

或许,近年间最出色的全能心算家是艾特肯(Alexander Craig Aitken),爱丁堡大学的一位数学教授。他于 1895 年出生于新西兰,并且是一本 1932 年的经典教科书《典范矩阵理论》(*The Theory of Canonical Matrices*)的合著者。与大多数快速心算家不同,他直到 13 岁才开始进行心算,然后是代数而不是算术引起了他的兴趣。1954 年,在比德那历史性的伦敦演讲之后差不多 100 年,艾特肯对伦敦工程师协会以"心算的艺术:附示范"为题进行了演讲。他的演讲在协会的会报(1954 年 12 月)上发表。关于一个快速心算家头脑中到底发生了什么,这提供了另一种有价值的一手资料。

快速记数的天生能力,是一个绝对基本的必要条件。所有伟大的舞台心算表演家的特征都是高超的记忆能力。当比德 10 岁的时候,他会让人写一个 40 位的数,然后倒过来念给他听。他可以立刻顺过来重复这个数。在一场表演的末尾,许多心算家可以准确地说出每一个牵涉到的数。有一些助记术是将数转化为单词,然后通过其他技巧再记住(参见我的《悖论与谬误》第11章),但这类技巧对于舞台表演来说太慢了,毫无疑问,大师们会避免使用这类辅助。"我从来没使用过助记术,"艾特肯说道,"并且完全不信任它们。它们只是用各种外来和不相关的联系,来干扰本应该纯净和清澈的能力。"

艾特肯在他的演讲中提到,他最近读到,当代法国心算家达格贝尔(Maurice Dagbert)在将圆周率背到由尚克斯(William Shanks)在1873年所计算的小数点后707位时,对于"令人震惊的时间和精力的浪费"感到十分内疚。"它逗得我去思考,"艾特肯说道,"我自己在早于达格贝尔几年就做过这件事了,但没发现有任何麻烦。所需要做的,仅仅是将数字以每行50个进行排列,每50个数字可以被分为5个数字一组的10组,然后以特别的节奏朗读它们即可。这本来可能是一个备受指责的没什么用的能力,尽管它并不太容易。"

20年后,在现代计算机可以将圆周率计算到小数点后数千位时,艾特肯了解到,可怜的尚克斯在他的最后180位数字上出了错。"我又一次被逗乐了,"艾特肯继续说道,"通过学习直到1000位时的正确值,并且再次发现这毫无困难,除了我需要'修复'尚克斯曾经犯错误的地方。在我看来,秘诀是,放松,与通常所理解的专注完全相反,只要有兴趣。一个在算术或者数学上没什么重要性的随机数列,会令我生厌。当需要记住它们时,你是可以做到的,但这违反人之常性。"

在这个时候,艾特肯中断了他的演讲,开始以一种明显的韵律节奏来背诵圆周率,一直背到250位。有人问他,是否可以从第301位数字开始。在他背了50个数字后,又被要求跳到第551位数字,他又继续背出了150个数字。他背出的数字与一张圆周率表对照后发现完全正确。

在与数字打交道时,心算家是否会对它们进行联想?显然,有些人这么做,有些人并不是,有些人不知道他们是否如此。法国心理学家比内(Alfred Binet)是法国科学院一个委员会的成员,他研究了两位19世纪晚期著名舞台心算表演家的表演过程,一位是名叫迪亚曼迪(Pericles Diamandi)的希腊人,另一位是意大利神童伊瑙迪(Jacques Inaudi)。在比内1894年的书《伟大心算家的心理及棋手的困境》(*Psychologie des grands calculateurs et joueurs d'échecs*)中报告了迪亚曼迪是一位视觉型联想者,而比他要快上六倍的伊瑙迪,是听觉节奏型。视觉型联想者几乎总是慢一点,尽管许多专业心算家都是这一类型的,例如达格贝尔、波兰心算家芬克尔斯坦(Salo Finkelstein),和一位舞台艺名为大阪小姐(Mademoiselle Osaka)的著名法国女人。听觉型心算家,例如比德,似乎计算得更迅速。荷兰计算机专家克莱因(William Klein)曾以帕斯卡的名字进行表演[《生活》(*Life*)杂志1952年2月18号的专刊上刊登过一个关于他的故事],他可能是在世最快的乘法心算家,能够在不到两分钟之内给出两个10位数相乘的结果。他也是一位听觉型心算家;实际上,他要是不对自己快速嘟囔荷兰语,就没办法进行计算。如果他犯了一个错误,那么通常是由于他将两个发音相近的数搞混了。他的弟弟利奥(Leo),差不多也是一位高超的心算家,他是视觉联想型的,有时会搞混两个看起来相像的数。

艾特肯在他的演讲中说,如果他愿意的话,他会进行视觉联想,无论是在各计算阶段,还是对最后的结果。“尽管为了组合排列,它们被精确地移动了,但大多数情况下,它们被藏在一些巫师般的说法之下。我特别清楚,在数的开头或尾部的冗余的零,从来不会在中间出现。但我认为这一点并不是靠看,也不是靠听;这是一个复合结果,我没有在任何地方看到有恰当的描述;尽管在这一点上,在心中进行音乐记忆或者作曲都没被恰当地表述过。我也时常发现,我的头脑已经预见了希望;我在想进行计算之前,就

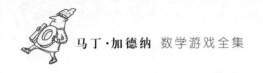

有了答案;我进行了检查,然后总是惊讶地发现,这个结果是正确的。"

艾特肯的头脑里有一个巨大的数据记忆库。这是快速心算家特有的;荷兰心算家克莱因承认他知道到100为止的乘法表,而一些专家怀疑比德和其他一些人记得到1000为止的乘法表,但他们不肯承认。(更大的数可以分为两个一对或三个一组,同单个的数一样处理。)将平方数、立方数、对数等等的长表格,以及诸如一年有多少秒、一吨有多少盎司等无数数值事实一同记在心里,这在回答观众们想问的问题时非常有用。由于97是100以内的最大素数,心算家常常被要求计算1/97的96位小数循环节。艾特肯很早以前就记住了,因此假如任何人突然问到这个问题,他可以毫不费力地背出答案。

此外,尚有数百种捷径,可以让心算家知道如何快速计算。艾特肯指出,在任何复杂计算之中,第一步就是快速决定最佳策略。为了说明这一点,他公开了一种有趣但不太为人熟知的捷径。假设你被要求对一个末位为9的数求其倒数的小数,比如说59,不要用1去除以59,你可以把1与59相加,得60,然后用它去除1。用如图6.2所示的方法将0.1除以6。请注意,在每一步中,将商获得的数放入被除数后的一位。结果就是1/59的小数。

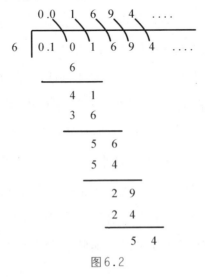

图6.2

艾特肯继续说道，如果要求给出5/23的小数，心算家立刻意识到，可以在分数线上下同时乘以3，以获得相等的分数15/69，并得到了想要的尾数9。然后他将69变为70，按照刚才解释过的程序用1.5除以7，就获得了答案。不过他也可以将分数转化为65/299，然后用0.65除以3，并将商获得的数放入被除数后的一位。

哪种策略是最好的？你必须即刻作出决定，艾特肯说道，然后坚定不移地执行目标。在计算的中途，可能有人会灵光一闪，觉得有更好的策略。"要坚决忽视这一点，然后继续骑着那匹羸弱一点的马。"

艾特肯以如下方法进行平方计算。

$$777 \times 777$$
$$a^2 = \left[(a+b) \times (a-b)\right] + b^2$$
$$777^2 = \left[(777+23) \times (777-23)\right] + 23^2$$
$$777^2 = [800 \times 754] + 529$$
$$777^2 = 603\,200 + 529$$
$$777^2 = 603\,729$$

选择相对小一点的 b，使得 $(a+b)$ 或 $(a-b)$ 成为以一个或多个零结尾的数。在上例中，艾特肯让 b 等于23。他能背出较小数的平方表，无需思索就知道 23^2 是529。在他的演讲中，他被给予7个三位数，每个数他都即刻给出了平方数。对两个四位数，他在大约5秒钟的时间内给出了平方数。请注意，艾特肯的公式，在应用到任意末位为5的两位数时，都有一个令人高兴的简单规则，值得牢记在心：将第一位的数与将它加1后的数后相乘，并在后面加上25。比如说，要计算 85×85：8×9 是72，在后面加上25，得7225。

格拉斯哥的数学家奥贝恩(Thomas H. O'Beirne)在一封信中提到，他有一次与艾特肯一起参观一个桌上计算器展览。"类似推销员的示范者说了些诸如'现在我们用23 586乘以71 283'的问题，艾特肯马上说'答案

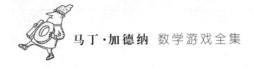

是……'(不管它到底是什么)。推销员太专注于销售,甚至没有注意到,但是一旁看着的经理注意到了。当发现艾特肯说得没错的时候,他大为苦恼(我也是)。"

这些计算器当然是不鼓励像艾特肯这类拥有怪才的青少年发展他们能力的。艾特肯在演讲临近尾声时承认,当他获得第一个台式计算器后,他的个人能力开始下降,并且看着他的能力越来越弱化。"心算家,就和塔斯马尼亚人或者莫里奥里人一样,注定会消亡,"他总结道,"因此……你可能会觉得从人类学角度去研究一个奇妙类型的人群很有意思,并且今天在座的一些听众可能会在公元2000年说,'对,我知道一号这样的人物。'"

在下一章中我将讨论一些舞台心算表演家的技巧,用好这些技巧,甚至一个初学者也能获得令人印象深刻的结果。即使是那些大师们也没有在舞台表演中引入以上的伪计算,像是一个杂技演员因为一种可以炫耀的技能获得掌声,而这种技能实际上一点也不难。

补　遗

戈洛姆(Solomon W. Golomb)常常令他的朋友们惊叹,因为他可以在头脑中对组合分析的复杂表达式进行计算。"常数的值是需要记住的,"他写道,"而简单规则的数目,远远比它看起来要少得多。"他的最佳策略是在大学一年级时出现的。一位生物老师刚刚向班级解释了,有24对人类染色体(那时人们认为的),因此有2^{24}种方式从以一个卵子或精子细胞构成的每一对组合中选出一个。"因此来自父母中一位的,"他说道,"不同的可能生殖细胞数目是2^{24},你们都知道那相当于什么。"

面对这一个夸张的问题,戈洛姆立刻叫出了声,"对,它等于16 777 216。"老师笑了,低头看着他的讲座笔记说道,"嗯,实际的值是……"他倒抽一口冷气,然后强烈希望了解戈洛姆是怎么知道的。戈洛姆回答说,那是"显而易见的"。班级同学迅速将他捧为"爱因斯坦",而在这一年剩下的时间内,很多人,包括实验室讲师在内,都以为那是他的名字。

戈洛姆是怎么知道的呢?(他告诉我)他刚刚记住了一直到 $n = 10$ 的 n^n 的值。当老师在叙述问题时,戈洛姆意识到,$2^{24} = 8^8$,正是他记忆小清单上的数。

当代快速心算家不再像19世纪一样成为头条新闻,但有少数人仍在从事表演职业。格鲁吉亚出生的戴萨特(Willis Nelson Dysart),使用了艺名"巫师威利",在美国最为人所熟知。在欧洲,印度女心算者德维(Shakuntala Devi)和法国心算表演家达格贝尔或许是最为活跃的,但是我关于国外舞台心算表演家的信息不够多。

第 **1** 章

心算高手的技巧

即使是上一章中所介绍的最伟大的快速心算家，也会定期在他们的舞台表演中纳入诸如开立方根和日历戏法之类的技艺，这看起来非常困难，但事实上并非如此。许多不够厉害的心算家并没有他们所展示的能力，差不多完全是靠耍花招过关。其中一些技巧学习起来非常容易，想要令朋友惊奇和迷惑不已的读者，只需稍加练习，就能掌握。这里需要的只是最基本的计算能力。

举个例子，思考以下的乘法戏法，尽管它可以追溯到一本1747年意大利阿尔贝蒂（G. A. Alberti）所著的《数字游戏：神秘的事实》(*I giochi numerici : fatti arcani*)，但知道的人却少得可怜。这个把戏可以套用在任何长度的数上，但最好是限制为三位数，否则手边要有一台便携式计算器来检查结果。

可以请观众任意给出一个三位数。假设给你567，然后把它在黑板上或者纸上写两遍：

$$567 \quad 567$$

再要一个三位数。把它写在左边的567下面。现在你需要一个不一样的三位数，作为乘数放在右边。它必须是（尽管不能让你的观众知道）左边乘数的"关于数9的补数"，也就是说，两个乘数的相应位上的数字之和必须为9。假设左边的乘数是382，那么右边的乘数必须是617。

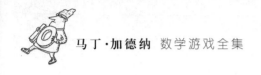

567 567

<u>382</u> <u>617</u>

如果为一群人表演这个戏法,你可以事先安排一个朋友作为你的卧底,并提出正确的第二个乘数。否则,就只好自己把它写出来,好像你是随便写了一个数一样。向大家宣布现在你打算在脑中进行这两个乘法运算,将两个乘积相加,最后再来一点儿刺激,将结果翻倍。通过将被乘数减1,然后在后面添上它关于数9的补数,可立即获得这两个乘积的和。在这个例子中,567减1为566,566关于数9的补数是433。因此,两个乘积的和是566 433。如果你将这个数写下来,有人可能会注意到它与被乘数以相同的两个数字开头,看起来会有些可疑,所以你通过将这个数翻倍来隐藏事实。无需费什么脑力,当你在头脑中演算必要的翻倍过程的同时,从右至左书写这个答数。如果你愿意,也可以在头脑中给566 433添加一个零,再用5来除(乘以10再除以5和乘以2是相同的),在这种情况下,你是从左至右书写你的最后答案。

为什么这招管用呢?这两个乘积的和与567乘以999的积相等,于是也和567乘以1000再减去567的结果相同。在纸上做这样的计算,然后你立即会明白,为什么结果必定是566后面添上它关于数9的补数。

在涉及某些神奇之数的各种心算乘法戏法背后,有一个巧妙的原理,这些数看似平淡无奇,但实际上可以很快与任何长度相同或较短的数相乘而得到结果。假设舞台心算家要一个九位数,台下观众中的一名卧底叫出了142 857 143。另一个九位数则是通过合法的方式被要求给出的。表演者在头脑中将两个数相乘,慢慢从左至右将这个庞大的乘积数写出来。这个秘密简单到不可思议。只要把第二个乘数用7去除两次。如果第一次除下来有余数,就把它放到第一位数字的前面,然后第二次用7去除。假设第二数是123 456 789。实际上,你是用7去除123 456 789 123 456 789。其结果,17 636 684 160 493 827,就是答案。两次除法的结果必须是除得尽而无余数的,否则你会知道自己犯了一个错误。

用神奇之数142 857 143乘以一个长度短一些的数同样很容易。只要在你第一次用7做除法时,在数的尾部补充足够的零,令它成为一个九位数即可。于是,如果乘数为123 456,你可以在头脑中用7去除123 456 000 123 456。当你写答案的时候,当然是暗中在看着乘数,并表演心算的除法。

伟大的舞台心算家都将142 857 143这个数熟记在心。在美国表演心算杂耍的最后一批人中之一,是印第安纳州出生的格里菲斯(Arthur F. Griffith),他于1911年去世,享年31岁。他标榜自己是"非凡的格里菲斯",并且以能够在半分钟之内算出两个九位数的乘积而声誉卓著。当我第一次读到这一消息的时候,我有点怀疑。在图书馆寻找了一阵后,我发现了目击者对此的叙述,他是在1904年面对一群印第安纳大学的学生和教员进行表演。该报道写道,格里菲斯在黑板上写了142 857 143。一位教授被要求在它的下方写上一个九位数的乘数。当他开始从左至右书写的时候,非凡的格里菲斯开始从左至右书写乘积。"学生观众,"报道上说,"站起来欢呼。"格里菲斯写了一本小书来解释他的方法,书名叫《简易速算手册》(The Easy and Speedy Reckoner, 1901年在印第安纳州戈申出版),但书中没有提到142 857 143这个数。

使用142 857 143时有一个风险。如果乘数恰好可以被7整除,乘积就会"结巴",即答案里会有一系列的数字重复,从而引起怀疑。表演者可以碰碰运气,要知道,数字出现的概率总是对他有利的,数不会"结巴",而且就算出现"结巴",观众也不一定会注意到这一点。如果他想避免重复,他可以在头脑中把乘数除以7。如果没有余数(即有重复),那么他可以做以下之

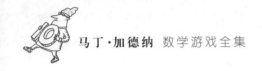
一。他可以宣布,为使这一表演更令人难以置信,他将倒转乘数,将它的各位数反过来排列,把运气放在这个反转数不是7的倍数上。更好的方法是,他可以让观众改变其中的一位数字,进一步把乘数随机化。

为避免"结巴",发明了许多精彩数学把戏的魔术师华莱士·李(Wallace Lee)设计了神奇之数2 857 143。(这是将上一个数的前两位数字移走得出的另一个数。)要一个七位数的乘数,其中每一位数字不小于5。对于这一点,你可以解释说是要加大问题的难度,实际上它是把过程变简单了。方法和以前一样,只是在你第一次用7去除以前,整个乘数必须加倍。如果所有的数字都大于4,可用以下方法逐位在心中计算翻倍。

假定乘数是8 965 797。把第一位数字8加倍,并加上1,得17。17除以7得2,于是你可以写上2,作为答案的第一位数字,在心中记下余数3。把下一个数9加倍,并加上1,得19。扔掉第一位数字,用之前的余数3来取代,得39。39除以7得5,把5写作答案的第二位数字,在心中记下余数4。把下一个数6加倍,并加上1,得13。用4来代替1,得43。43除以7得6,于是把6写在答案的第三位上,在心中记下余数1。把数5加倍,并加上1,得11。用1来代替1,得到一样的数11,用11除以7,得到1作为答案的第四位,在心中记下余数4。继续以这种方式计算,直到计算到8 965 797的最后一位。当你把最后一个数7加倍时,不要再加上1。最后的余数2被放回到开头,数字8的前面。现在用普通的方法,把28 965 797除以7,不需要加倍。最终的结果是,25 616 564 137 971,这正是想要的乘积。

用于第一次除法的加倍过程不难掌握。其结果保证不会出现重复数字,并且这个戏法的独特手法门外汉更难发现。与之前的神奇之数一样,只要你在心中给乘数添上几个零,它就可以用更小的数来相乘。如果没有要求乘数的各位数字比4大,一个好的做法是把整个数乘以10(即在尾部加上0),然后用35去除。这样是行得通的,因为35是7和10的一半的乘积。当然你必须熟记35的倍数。

这两种戏法的乘积都很庞大,除非手边有一台适用的台式计算器或便携式计算器,不然很难马上确认你的结果。有许多小一点的神奇之数,基本上是以同样方式操作的。例如,143和abc的乘积,可以将abcabc除以7两次而获得,并且希望商数中没有重复数字。要得到1667和abc的乘积,则可以给abc添加一个零,并且用6去除,如果有余数(余数是0,2或4),将余数折半,将它放回abc开头的位置,再除以3。这很容易心算,结果不会出现重复数字,观众无需计算器就可以检查答案,这些使它成为一个绝佳的即兴游戏,可以在朋友面前表演。

我知道的关于这类神奇之数的唯一参考书目是由已故的华莱士·李(他于1969年去世)私人印制的著作,叫做《数学奇迹》(Math Miracles),这是一本包含许多有趣的心算技巧的书。作为数论中一个令人愉快的练习,请读者确定我给出的4个神奇之数是如何获得的,以及它们为什么可以这样计算。

另一个令人印象深刻的心算技巧是,你让一个人从1到100之中任意选一个数,算出它的立方数,并且把结果告诉你。你很快说出这个数的立方根。要玩这个戏法,仅需要记住数1到10的立方数(参见表7.1)。请注意,每个立方数的末尾数字都不同。(对平方数来说并不是这样,这解释了对心算者来说,为什么开立方根比开平方根要容易。)除了2、3、7和8,最后一位数字在各个情况下与立方根一致。这4个例外很容易记住,因为在所有这些情况下,立方根和立方数的最后一位数相加都得10。

假设有人说出立方数658 503,在心中丢掉最后三位数,只考虑留下的数658,它在8和9的立方之间。挑两个数中较小的一个,8,并且把8作为答案的第一个数字。658 503的末位数字是3,所以你马上知道,立方根的第二个数字是7。写下7。立方根就是87。

舞台心算表演家常常通过索要数的五次方数来延续这个戏法。这似乎比给出立方根难度更大,但其实,它更容易也更快。原因是,任何一个整数的五次方数的最后一位数字始终与该整数的最后一位数字一致。你还是需要记住一张表(见表7.1)。假设有人说出8 587 340 257。当你听到"80亿"的时候,你知道这个数在表格的第九和第十个数之间。挑较小的数90。不用管他中间说了什么,直到他说到最后一位数字——7,那个时候你马上说97。保险起见,别重复表演超过两三次,因为很快会让人看出,最后一位数字总是一致的。专业的心算家扩展了这里给出的系统方法,对大得多的数进行立方和五次方运算,但我这里仅限于解释简单的两位数的根。

表7.1 方根问题的关键数

原数	立方数	原数	五次方数
1	1	10	10万
2	8	20	300万
3	27	30	2400万
4	64	40	1亿
5	125	50	3亿
6	216	60	7.77亿
7	343	70	10.5亿
8	512	80	30亿
9	729	90	60亿
10	1000	100	100亿

大多数伟大的舞台心算表演家也会进行一种日历戏法的表演——对给出的任何日期，说出它是星期几。要表演这个戏法，必须要保证记住表7.2，其中一个数对应一个月。在华莱士·李的书中，他建议最初的记忆可以通过表格右边的辅助记忆提示完成。

表7.2　日历戏法的关键数和辅助记忆方法

月份	关键数	辅助记忆（字数）
1月	1	第"一"个月
2月	4	"非常寒冷"（4个字）的月份
3月	4	"放飞风筝"（4个字）的月份
4月	0	愚人节没人（人数为0）上当
5月	2	"五一"（2个字）放假
6月	5	"高考与中考"（5个字）的月份
7月	0	7月没有节日（节日数为0）
8月	3	"火辣辣"（3个字）的月份
9月	6	"秋天从这开始"（6个字）的月份
10月	1	"哇!"（1个字）长假
11月	4	"十分凉爽"（4个字）的月份
12月	6	"耶稣基督诞生"（6个字）的月份

要对日期落在星期几进行心算，以下是推荐的4个步骤。还有其他的计算方式，甚至也有小巧的公式，但这里的步骤是专为快速心算而设计的。

1. 将该年份的最后两位数字视作一个单独的数。在头脑中将它除以12，并记下商和余数。现在把3个较小的数相加：商、余数和余数除以4的商。例如：1910。10除以12得0，余数为10。余数除以4得2。0+10+2=12。如果最终结果大于等于7，那么除以7并记住余数。在这个例子中，12除以7余数为5,所以只要记下5。因此,这个计算方法被称为"舍7法"。(数学家会说,他进行了"模7"运算。)

2. 将前面的结果加上该月份的关键数。如果有必要,用一次舍7法。

3. 将前面的结果加上该日期。如果有必要,用一次舍7法。所得到的数给出了这一天在星期几,把星期六算作0,星期日算作1,星期一算作2,依此类推,星期五算作6。

4. 如果那个年份是闰年,而月份是1月或2月,则把最终结果往回算一天。

第一步将自然地提醒你闰年。闰年年份是4的倍数,对任意一个数,若其最后两位数是4的倍数,它就是4的倍数。因此,当你除以12或4时,如果没有余数,你就知道这是一个闰年。(然而,请记住,目前公历系统中的1800年和1900年,尽管是4的倍数,但都不是闰年,而2000年则是。究其原因,公历规定,尾数是两个零的年份,只有在能被400整除时才是闰年。)

刚才解释的运算步骤,仅适用于20世纪的日期,但其他世纪里的日期,只需要在最后略微进行调整。对于19世纪,日期要往前调两天。对于21世纪,则是往后调一天。最好不要让日期早于19世纪,因为这牵涉到一个麻烦。1752年9月14日,在英国及其美洲殖民地,使用的历法从儒略历改到了格里历(即公历)。恺撒大帝(Julius Caesar)曾用365.25天作为一年,在每个第四年的2月加上一天,以补上那个四分之一天。不幸的是,一年实际上有365.2422+天,所以在过去的世纪里,闰年补偿得过头了,多余的日子累加出现了相当大的误差。为了防止复活节(这取决于春分的时间)出现在2月,教皇格里高利十三世(Pope Gregory XIII)授权拿走10天,并采用了闰年较少的日历。1582年,欧洲大部分地区完成了这一改变,但是在英语国家,直到1752年才完成这一转换。该年9月2日后面的那一天被称为9月14日,这就解释了为什么乔治·华盛顿(George Washington)的生日如今放在2月22日庆祝,而不是2月11日,后者是他出生的旧历日期。对于18世纪的日期,在1752年转换历法之后,在一周里要往前调四天。

举一个例子将会令步骤清晰起来。假设你被告知,在台下的某个人出生于1929年7月28日,这是一星期中的哪一天?你的心算过程如下:

1. 将1929中的29除以12得2,余数为5。5除以4得1。2+5+1=8。舍7,得1。

2. 7月的关键数为0,所以不用进行加法。在心中记下1。

3. 将日期28和1相加,得29,舍7,得1。你的目标人物出生于星期日。(在实际应用中,这最后一步可以简化,因为28模7余0,因此不需要在先前的1上加数。)

第四步省略,因为1929年不是闰年。即使是闰年,该步骤仍将被省略,因为该月不是1月或2月,这是在闰年唯一必须进行调整的月份。

时不时地有新闻报道称,有所谓的白痴学者通过表演这种戏法来展现他的能力。最近的一个由精神科医生进行研究、《科学美国人》(1965年8月)予以报道的案例,是智商在60到80范围内的一对日历计算天才双胞胎。在这一类的案例中,似乎不大可能是任何神秘能力的运作结果。如果一个白痴学者需要很长时间给出星期几,他可能是记住了很长范围内的每一年的第一天,并且只是简单地在心中从那些关键日期数到给定日期。如果他很快地给出星期几,可能是有人教过他一个我所描述的类似方法,或是在一本书或者杂志上看到过。

许多用来心算日期的方法出现在19世纪后期的出版物中,但我发现没有一个早于刘易斯·卡罗尔(Lewis Carroll)所发明的方法,他在《自然》(Nature)杂志(第35期,1887年3月31日,第517页)上进行了解释。该方法与本章描述的方法基本上是相同的。"我自己不是一个速算家,"卡罗尔写道,"因为我发现我解决任何这类问题的平均时间大约是20秒,毫无疑问,一个速算

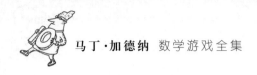

家连15秒都不需要。"

补 遗

用心算除法来进行快速乘法运算的戏法,其变种无穷无尽。非凡的格里菲斯最喜欢的表演之一是用125乘以一个很大的数。因为1/8=0.125,你只需加上三个零,并除以8。

数1443可以与一个两位数 ab 相乘而很快地得出结果,方法是把 aba bab 除以7。而3367可以与 ab 相乘而很快地得出结果,方法是把 aba bab 除以3。(理由:1443=10 101/7,3367=10 101/3。)

不产生重复的神奇之数1667和8335,都是我自己发现的。用一个三位数 abc 去乘8335,可以在 abc 后加上一个零,并且用12去除。如果有余数的话,将它折半,把它放回数字开头位置,并且(在数字末尾继续加零后)用6去除。这样行得通,是因为1667的一半是833.5。我想不出还有什么其他四位数可以这样应用。在一个纸牌游戏中使用这两个数的一种方法,可参见我在印度魔术期刊《大师》($Swami$)1972年3月第12页的文章"千里眼乘法"。

布莱尔(Edgar A. Blair)、卡特(W. H. Carter)少校和艾泽曼(Kurt Eisemann),他们各建议了一种记住月份关键数的方法。对于数学家来说,这可能比掌握关键词要更容易一些。如果三个一组,那么关键数是:

144(1月,2月,3月)

025(4月,5月,6月)

036(7月,8月,9月)

146(10月,11月,12月)

需要注意的是,前三个数是12、5和6的平方,而最后一个数146,仅仅比第一个大了2。

答　案

　　在心算乘法技巧中使用的神奇之数,其运算原理用实例来解释最佳。数 142 857 143 是由 1 000 000 001 除以 7 获得的。如果 1 000 000 001 乘以任何一个九位数 *abc def ghi*,该乘积显然是 *abc def ghi abc def ghi*。因此,要将 *abc def ghi* 与 142 857 143 相乘,我们只需要把 *abc def ghi abc def ghi* 除以 7。

　　第二个神奇之数 2 857 143,等于 20 000 001 除以 7。很容易看到,在这种情况下,一个七位数乘以 2 857 143,必须在第一次被 7 除以前先加倍。要求乘数的每一位必须大于 4(这是为了在每个数加倍的时候确保总可以进 1),使得在前述章节中解释过的加倍过程成为可能。如果没有这个条件,也是可以加倍并从头一位开始做除法的,只是规则更复杂。

　　较小的神奇之数 143 和 1667 的计算方式也是类似的。第一个数等于 1001/7,第二个则等于 5001/3。第二种情况下,乘数 *abc* 必须在第一次被 3 除以前乘以 5。由于乘以 5 与乘以 10 再除以 2 相同,如上述章节所解释的那样,我们在 *abc* 后添加一个零并除以 6。余数必须减半,将它从 6 的倍数变为 3 的倍数,然后放回到开头,以进行第二次被 3 除的除法。事实上,第二次除法使用不同的数,可以避免商的数字重复,假如使用 143,而乘数 *abc* 恰巧是 7 的倍数,就常会出现这样的情况。

第 8 章
埃舍尔的艺术

在白天我赋以形式的仅仅是我在黑夜中望见的百分之一。

——M·C·埃舍尔

有些艺术,显而易见地可以称为数学艺术。例如,欧普艺术就是"数学的",但是以一种肯定不是新的方式。充满个性、富于韵律而又有装饰性的图案,就如同艺术本身一样古老,甚至在绘画中,偏向抽象的现代风潮始于立体主义艺术家创作的几何图形。法国达达主义画家阿尔普(Hans Arp)将彩色方纸片抛向空中,然后将它们粘在落下的地方,他将立体主义的矩形与之后的"行为"绘画家的甩颜料滴结合在一起。从广义上讲,甚至抽象表现主义艺术也具有数学性,因为随机性是一个数学概念。

然而,这拓展了"数学艺术"这个概念的内涵,直到它变得毫无意义。这个概念有另一种更有用的意义,指的不仅是技术和模式,而是一张画作的主题。一位对数学多多少少有些了解的代表性艺术家,可以围绕一个数学主题进行构图,就像文艺复兴时期的画家以同样方式围绕宗教主题来创作,或是如今的俄罗斯画家围绕政治主题进行创作。现代艺术家中没有一位比荷兰的埃舍尔(Maurits C. Escher)在这种"数学艺术"方面取得更大的成功了。

"我常常觉得自己更接近数学家,而不是接近与我一样的艺术家同行,"埃舍尔写道,他的另一句话也被引述,"我所有的作品都是游戏。严肃的游戏。"他的石版画、木刻画、木口木刻和金属版画,在世界各地数学家和科学家房间的墙上随处可见。他的部分画作有些怪异，带有超现实主义的一面，但他的画作比起达利或马格利特(René Magritte)来，少了一些梦幻的色彩，多了一些微妙的哲学和数学的观察，意图唤起诗人内梅罗夫(How-ard Nemerov)在对埃舍尔的描述中所说的，这个世界的"神秘、荒诞，以及间或的恐怖"。他的许多画作与数学结构有关，在一些趣味数学书籍中曾被讨论过。但在我们看这些画作之前，先对埃舍尔这个人做些介绍。

他1898年出生在荷兰的吕伐登，年轻时就读于哈勒姆的建筑与装饰艺术学院。他在罗马住了10年。1934年离开意大利后，他在瑞士待了两年，又在比利时布鲁塞尔住了五年，随后定居于荷兰小镇巴伦，他和他的妻子如今仍居住在那里①。虽然他1954年在华盛顿的怀特画廊举办过一次成功的展览，但比起美国，他仍然在欧洲更为有名。他很大一部分作品为华盛顿特区的科尼利厄斯·罗斯福(Cornelius van Schaak Roosevelt)所有，身为工程师的这位罗斯福，是西奥多·罗斯福(Theodore Roosevelt)总统的孙子。正是由于这位罗斯福的慷慨相助，以及埃舍尔的允许，这些画作得以在此再现。在晶体学中，埃舍尔以他在平面无限镶嵌问题上的贡献而出名。西班牙阿尔罕布拉宫的设计揭示了在将平面分割成周期性重复的相同形状上，西班牙的摩尔人有多么出色，但伊斯兰教的教义禁止他们使用生物的形状。通过把平面分割为鸟类、鱼类、爬行动物、哺乳动物和人体的轮廓，埃舍尔已经能够将他的许多镶嵌图案组成令人叹为观止的画作。

在图8.1所示的石版画《蜥蜴》(Reptiles)中，一只小蜥蜴从六角形瓷砖里爬出来，开始一个三维空间生活的短暂周期，一直爬到一个十二面体的顶部，然后这只蜥蜴再次爬回那个死气沉沉的平面。在图8.2所示的木刻画《昼与夜》(Day and Night)中，左右两侧的场景不仅仅互为镜像，更几乎是

---

① 1970年，埃舍尔搬到荷兰北部的拉伦，1972年3月27日在那里去世。——译者注

图8.1 《蜥蜴》,石版画,1943年

图8.2 《昼与夜》,木刻画,1938年
米克尔森画廊,华盛顿

111

彼此"完全相反"的。当视线从中间向上移动,矩形场地逐渐流入交织在一起的鸟儿图形,黑色的鸟儿飞入白天,而白色的鸟儿飞入黑夜。在圆形的木刻画《天堂与地狱》(*Heaven and Hell*,如图8.3)中,天使和魔鬼交织在一起,相似的形状距离中心越远就变得越小,最终在圆环边缘化为无限的轮廓,因太过微小而无法看清。埃舍尔或许会告诉我们,善乃是恶的必要衬托,反之亦然。这个了不起的镶嵌图形,是基于一个众所周知的欧几里得模型,它是由庞加莱在非欧几里得双曲平面上搭建起来的;有兴趣的读者,可以在考克斯特(H. S. M. Coxeter)的《几何学入门》[*Introduction to Geometry*,威利(Wiley)出版社,1961年]第282—290页中找到相关解释。

图8.3 《天堂与地狱》,木刻画,1960年

假如有读者认为这种形式的图案创造起来不是难事，就让他来试试吧！"在绘图的时候，有时我觉得自己似乎是一个灵媒，"埃舍尔曾表示，"被我凭空杜撰的生物所控制。仿佛是它们本身在决定自己想要显示的形状……因为两个相邻形状之间的边界线有双重作用，要描绘这样一条线是很复杂的。与此同时，在这条线的两侧，都可以识别出形状。但是人类的眼睛和心灵不能在同一时间内忙两件事，因此必须从一边快速而连续地跳跃到另一边。不过，这种困难可能就是推动我坚持下去的动力。"

要把埃舍尔将对称性、群论和晶体学规则应用在他完美的镶嵌图案上的所有方法都讨论上一遍，可能需要写整整一本书。事实上，阿姆斯特丹大学的麦吉拉弗瑞(Caroline H. MacGillavry)已经写了一本这样的书：《埃舍尔周期性图画中的对称性》(*Symmetry Aspects of M. C. Escher's Periodic Drawing*)。为国际晶体学联合会而于乌得勒支出版的这本书，再版了埃舍尔的41幅镶嵌画作，多幅画作是全彩色的。

图8.4和图8.5诠释了埃舍尔的另一个作品类别，即巧妙运用透视法而创作出一种称为"不可能图形"的作品。在石版画《观景楼》(*Belvedere*)中，看看躺在方格地面上的那张纸，上面画着立方体的素描。小圆圈标记出了两个点，在此处一条边穿过了另一条边。然而，那个坐着的男孩手中拿着的框架模型上，两条边相交的方式在三维空间里是不可能实现的。观景楼本身就是由不可能的结构所构成的。那个靠近梯子顶端的少年在观景楼外面，但是梯子的底部却在楼里面。或许地牢中的那个男人是因为搞不清他所在世界的矛盾结构而发了疯。

石版画《上升与下降》(*Ascending and Descending*)源自一个令人困惑的不可能图形，该图形的第一次出现是在文章《不可能的物体：视觉错觉的一种特殊类型》中。这篇文章由英国遗传学家L. S. 彭罗斯(L. S. Penrose)和他

图8.4 《观景楼》,石版画,1958年

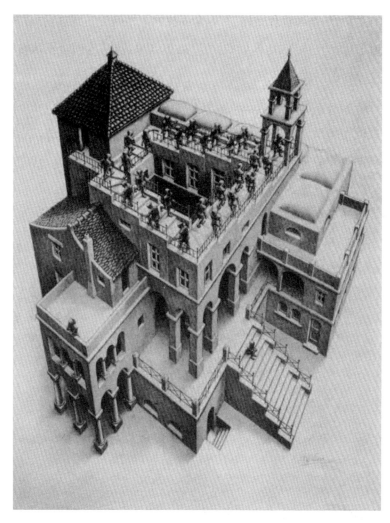

图8.5 《上升与下降》,石版画,1960年

的儿子数学家罗杰·彭罗斯(Roger Penrose)所写[《英国心理学杂志》(*British Journal of Psychology*),1958年2月]。某个未知教派的僧侣进行着一项日常的宗教仪式,不断地沿着他们寺院屋顶那不可能的台阶行走,外圈的僧侣往上走,而内圈的僧侣往下走。"这两个方向,"埃舍尔评论道,"虽然不

是没有意义，却也都没什么用。有两个固执的人拒绝参与到这项'心灵试炼'中。他们认为自己所知比他们的同伴多，但或早或晚，他们会承认自己没有遵守这一规则的错误。"

许多埃舍尔的画作表达了一种想知道规则的及半规则的立体图形如何构成的情绪反应。"在我们时常无序的社会中，"埃舍尔写道，"它们以一种绝佳的方式象征着人类对和谐与秩序的向往，但与此同时，它们的完美令我们意识到自己的无奈。正多面体有一种非人类创造的特质。它们并非来自人类的发明，因为在人类出现很早以前，它们就以晶体的形式存在于地球的地壳中。至于球形——宇宙不就是由球体所构成的吗？"

石版画《秩序与混沌》(*Order and Chaos*，如图8.6)展示的是"小星形十

图8.6 《秩序与混沌》，石版画，1950年

二面体",四种"开普勒-普安索立体"之一,这四种立体连同五种柏拉图立体,构成了九种可能的"正多面体"。这个形状最早是由开普勒(Johannes Kepler)发现的,他称之为"顽童",并且在他的《世界的和谐》(*Harmonics Mundi*)一书中为它作了一幅画。那是一本奇妙的数字命理学书籍,书中将音乐中发现的基本比例,以及正多边形和正多面体形状应用于占星术和宇宙学。像柏拉图立体一样,开普勒的"顽童"的各个面是相等的正多边形,其顶点处的角度相等,而其所有面都没有凸起,并且彼此相交。想象一下,(类似画作《蜥蜴》中的那个)十二面体的所有 12 个面都延展开去,直到成为一个五角星,即有五个顶点的星形。

这 12 个相交的五角星构成了小星形十二面体。多个世纪以来,数学家拒绝将五角星称为"多角形",因为它的五条边有交叉,并且出于同样的原因,他们拒绝称呼诸如这样的立体为"多面体",因为它的面彼此交叉。滑稽的是,迟至 19 世纪中叶,瑞士数学家施莱夫利(Ludwig Schläfli)尽管认可了一部分面交叉的立体为多面体,但依然拒绝将这一个形状称为"真正"的多面体,因为它的 12 个面、12 个顶点和 30 条边不符合欧拉著名的多面体公式:$F + V = E + 2$。(假如它被重新诠释为有 60 个三角形面、32 个顶点和 90 条边的立体,就符合要求了。但是这样诠释的话,它就不能被称为"正"立体,因为其所有面都是等腰三角形。)在《秩序与混沌》中,这个立体的顶点从一个封闭的泡泡表面中突出,其充满美感的对称性与周边埃舍尔所描绘的"无用的、废弃的、皱巴巴的对象"的大杂烩形成反差。

小星形十二面体有时被用作灯具的形状。我在想,有没有哪家圣诞树装饰品制造商,能将其做成放在圣诞树顶的三维星星来售卖?要做出一个纸板模型是不难的。坎迪(H. M. Cundy)和罗莱(A. P. Rollett),在《数学模型》(*Mathematical Models*,1961 年修订版,牛津大学出版社)一书中提醒人们不要试图从一个网折起,而是先制作一个十二面体,然后在每一个面上粘上一个五棱锥。顺便说一句,这个立体框架上的每一条线段(如开普勒所观察到的)与每一条次长的线段成黄金分割比例。该立体的多面体对偶是"大星形十二面体",由12个正五边形两两相交构成。关于开普勒-普安索星形多面体的详细信息,读者可以参考坎迪、罗莱的著作,以及考克斯特的《正则多胞形》(*Regular Polytopes*)。

石版画《手执反射球》(*Hand with Reflecting Globe*,如图8.7)利用了球面镜的反射属性,夸张地表现了哲学家佩里(Ralph Barton Perry)喜欢称之为"自我中心困境"的问题。任何人可能都是通过各种传达到头脑的感官体验来认识这个世界的。在某种意义上,一个人只能感知到他本身的感官和认知以内的东西。基于这种"现象学",他构建了他所相信的外部世界,包括那

图8.7 《手执反射球》,石版画,1935年

118

些和他本人一样有自我中心困境的其他人。可是,严格地说起来,除了他自己和他不停转变的感觉和想法以外,他没有办法证明任何东西的存在。可以看到埃舍尔正盯着球体中自己的映像。玻璃镜面反射出他的周遭,将它们压缩在一个完美的圆形中。无论他如何移动或扭转他的头,他双眼的中间点都正好保持在圆的中央。"他无法抽身离开那个中央点,"埃舍尔说道,"自我一直是他的世界里不变的中心。"

埃舍尔对拓扑玩具的热爱从他的一些画作中可见一斑。在木刻画《结》(Knots,如图8.8)的顶部,我们看到三叶形纽结的两种互为镜像的形式。左

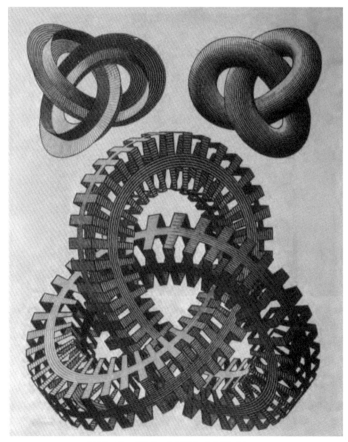

图8.8 《结》,木刻画,1965年

119

上角的结是由两条相交成直角的长扁草带构成。在与自身缠绕前，这根双条草带被扭曲了一下。它是单独的一条两次绕圈成一个结且自交叉的带子，还是由两条独立但相交的默比乌斯带构成的？在这两个较小的结下面的大结，结构为一根有四个面的管子，已进行了四分之一的扭转，可以让任何在其内部某一条中心路径上行走的蚂蚁，在走回到起点以前，走过4条穿过此结的完整环路。

木口木刻《三个球》(Three Spheres，如图8.9)，纽约现代艺术博物馆有一份复制品。初看上去是一个球体，正逐渐经历拓扑挤压。然而，仔细一点审

图8.9 《三个球》，木口木刻，1945年

视的话，你会发现它是完全不同的东西。读者是否能够猜出，埃舍尔在这里极为毫发毕现地描绘的是什么？

补　遗

　　埃舍尔于1972年去世，享年73岁，此时他刚刚开始在全球范围内声名鹊起。不仅是数学家和科学家知道他（这些是最早欣赏他的人），他还在公众特别是反主流文化的年轻人当中声名远播。如今，埃舍尔的粉丝队伍仍在壮大。他的画作无处不在：数学课本的封面上，摇滚音乐的唱片上，黑光灯下闪闪发光的迷幻海报上，甚至是在T恤衫上。当我第一次将埃舍尔的一件画作再现到我1961年4月的专栏上时（《科学美国人》杂志在封面上登了他的一幅鸟的镶嵌画），我只买过一幅埃舍尔的作品，一幅木刻画。我本可以每幅仅40美元至60美元的价格，买下他的许多画作，如今每幅都价值上千了。但那时谁能预料到埃舍尔的名气会有这样惊人的增长呢？

　　这几年，许多人都写了埃舍尔，但我只打算列出几本主要著作。艾布拉姆斯（Abrams）的《埃舍尔的世界》（*The World of M. C. Escher*）囊括了最好、最完整的埃舍尔作品，有几篇文章讨论了他的艺术（包括埃舍尔本人写的一篇），还有一个精选参考书的完美列表。威尔基（Ken Wilkie）的长文"埃舍尔：无穷之旅"（*Escher: The Journey to Infinity*），包括了许多先前未曾出版的埃舍尔画作，以及鲜为人知的艺术家私人生活和信仰的细节。此文发表在《荷兰先驱报》（*Holland Herald*, Vol. 9, No. 1, 1974）上，这是一份在荷兰出版的英文新闻杂志。

　　科尼利厄斯·罗斯福的埃舍尔作品收藏如今为华盛顿国家美术馆所有。

答　案

　　《三个球》画了三个平面圆盘，每一个模拟一个球体。底部的圆盘平放在桌面上。中间的圆盘沿直径折成了直角。顶部的圆盘直立于中间圆盘水平的那一半上。中间圆盘上的一条折叠线和三个伪球面上同样形状的底纹给出了提示。

第 9 章
红色面立方体及其他问题

1. 红色面立方体

以前,趣味数学家在国际象棋棋盘的"旅行"上已经耗费了大量精力,即将一枚棋子在棋盘上移动,在符合各种约束条件的情况下,经过每个方格一次且仅有一次。圣巴巴拉的哈里斯设计了一种令人着迷的新旅行——"木块滚动之旅"——开创了多种可能性。

为了尝试哈里斯的其中两个最佳问题,你可以从一套儿童积木中取一个小的立方体木块,或者用硬纸板做一个。其侧面大小应该与你的国际象棋棋盘或西洋跳棋棋盘的方格差不多。把木块的一个面涂上红色,沿两个方格中间的分割线将木块翻倒,使它从一个方格移动到相邻的方格,因此在每一步中,木块向东、西、南、北的某一个方向转了90度。

问题(1) 将木块放置在棋盘的西北角,红色的一面朝上。将木块在棋盘上滚动,每个方格只停留一次,最后停在东北角,并且红色的一面朝上。在滚动过程中的任意时刻都不允许木块的红色面朝上。(注:从一个角到斜对角进行这样的滚动是不可能的。)

问题(2) 将木块放置在任意一个方格内,一个未着色面朝上。在棋盘上进行一次"折返游"(经过每个方格一次,且让木块回到起始处的方格),在滚动过程中的任意时刻,包括在结束时,都不允许木块的红色面朝上。

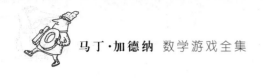

不计旋转和镜射,这两个问题的解都是唯一的。

2. 三 张 牌

考夫曼(Gerald L. Kaufman)设计了下面这个逻辑问题。他是一名建筑师,还出版了几本益智书籍。

从一副桥牌中取出三张牌,面朝下放成水平的一排。在一张K的右边,有一张或者两张Q。在一张Q的左边,有一张或者两张Q。在一张红心的左边,有一张或者两张黑桃。在一张黑桃的右边,有一张或者两张黑桃。

说出这3张牌的牌名。

3. 钥匙和锁孔

这个让人倍感挫败的拓扑谜题需要一把门钥匙和一条长长的细绳。把绳子对折,通过门上的锁孔将绳圈推送过去,如图9.1(1)所示。然后把绳子的两端穿过伸出来的绳圈,如图9.1(2)所示。现在把两端分开,一条往左边,一条往右边,如图9.1(3)所示。把钥匙穿在左边的绳子上,然后将它滑动到门附近,把绳子的两端系在某些东西上固定,比如说,在两把椅子的椅背上系住。请系得松一些。

问题是:操控钥匙和绳子,使得钥匙从左边的点P处移动到右边的点Q处。在转移钥匙以后,绳圈必须和先前一样是穿过门锁孔的。

4. 字 谜 词 典

坦珀利(Nicholas Temperley)在剑桥大学求学时,建议为文字游戏爱好者制作一本可以作为工具书使用的字谜词典。英语中的每一个单词,首先被转化为"字母表顺序字谜",即将单词中的字母按英文字母表顺序重新排

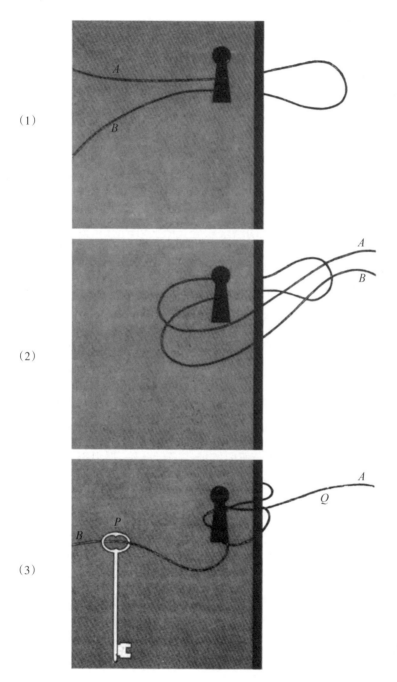

图9.1 把钥匙从点 P 移到点 Q

列。例如,SCIENTIFIC(科学的),转化成了CCEFIIINST。再将这些字谜按字母表顺序排成词典。

词典中的每个条目都是一个字母表顺序字谜,在它下面罗列了所有可以用这些字母构成的英文单词。也就是说,条目BDEMOOR下面是BED-ROOM(卧室)、BOREDOM(讨厌),以及所有用这7个字母可以构成的其他单词。条目AEIMNNOST下面则是MINNESOTA(明尼苏达州)和NOMI-NATES(提名)。有些条目甚至会有数学趣味。例如,条目AEGILNRT下面会出现一些数学术语,包括INTEGRAL(积分)、RELATING(相关)、TRIANGLE(三角形),以及如ALTERING(改变)等其他单词。条目EIINNSTXY下面既有NINETY-SIX(96)又有SIXTY-NINE(69)。条目AGHILMORT下面的单词则包括ALGORITHM(算法)和LOGARITHM(对数)。

如果一个填字游戏给出的线索是BEAN SOUP(大豆汤),并且提示说这是一个字谜问题,随身带有字谜词典的人,只需要将它的字母按顺序排列,然后查找ABENOPSU,就可以找到SUBPOENA(传票)。如果线索是THE CLASS-ROOM(教室),那么只需要片刻功夫就可以找到SCHOOLMASTER(校长)。

大多数条目都会以字母表前面的那些字母开始。据坦珀利估计,超过一半的条目会以字母A开始,这也就是说,超过半数的英语单词里包含字母A。(对于常用词而言并不是这样,但生僻词往往会较长,并且更有可能包含字母A。)在字母I之后,条目数会大幅下降。字母O以后的条目列表极短。

读者是否能够解答下面这些问题?

(1)词典的最后一个条目会是什么?〔如Uz(乌兹河)、the home of Job(乔布的家)之类的地名不计在内。〕

(2)第一和第二个条目会是什么?

(3)最后一个由A开头的条目会是什么?

（4）第一个由B开头的条目会是什么？

（5）条目ABCDEFLO，以字母表的前六个字母开始，它会是什么单词？

（6）本身就是一个单词的最长的条目会是什么？［短单词的例子包括ADDER（蝰蛇）、AGLOW（容光焕发）、BEEFY（肌肉发达）、BEST（最佳）、城堡（FORT）等。］

（7）字母没有重复的最长条目会是什么？

5. 一百万个点

无穷多个互不接触的点落在封闭曲线内，如图9.2所示。假设从这些点中随机选择一百万个点，是否总有可能在平面上放置一条直线，使它穿过曲线，避开这所有的一百万个点，并恰巧将这些点分为两半，即让直线左右两侧各有五十万个点？答案是可以，请给予证明。

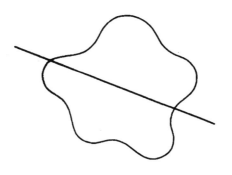

图9.2 一百万个点谜题

6. 湖上的女孩

一位年轻女孩在圆湖上度假，这是一个以其精准的圆形外观命名的大型人工湖。为了逃离追逐她的那个男人，她坐上了一艘划艇，然后划到了湖中央，那里停着一条木筏。那个男人决定在岸上等待，他知道她最终不得不

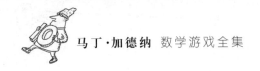

回到岸上来。因为他奔跑的速度是她划船速度的4倍,他认为,只要她的船靠湖岸,要捉到她是小事一桩。

但这位拉德克利夫女子学院数学专业出身的女孩,对她身处的困境进行了思考。她知道,一旦回到坚实的岸上,她就可以从那个男人手中逃脱;只需要设想好划船的策略,使她在他之前到达岸上的某一点。她成功地运用她的应用数学知识,很快想出一个简单的计划。

女孩的策略是什么?(作为益智游戏,假定在所有时刻她都知道自己在湖面上的位置。)

7. 干掉正方形和矩形

我在《萨姆·劳埃德和他的趣题》[*Sam Loyd and His Puzzles*,巴斯(Barse)出版公司,1928年]一书的第49页发现了这道在组合几何中看似简单的问题,但它比乍看上去要复杂得多。40根牙签排列成如图9.3所示的样子,搭起一个四阶(即4×4,下同)的棋盘框架。问题是:移走最少数量的牙

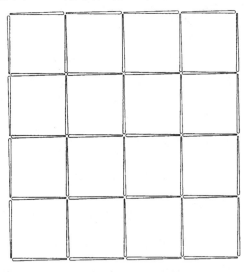

图9.3 牙签谜题

签,来打破每一个正方形的边界。"每一个正方形"不仅指16个小正方形,也包括9个二阶正方形,4个三阶正方形,以及1个作为外边框的大的四阶正方形——一共有30个正方形。

在有 n^2 个方格的任何正方形棋盘上,不同的矩形总数是 $\dfrac{(n^2+n)^2}{4}$,其中有 $\dfrac{n(n+1)(2n+1)}{6}$ 个是正方形。"这是新奇而有趣的",著名英国趣题专家亨利·杜德尼写道,"矩形的总数,总是边长为n的三角形数的平方。"

这本老书中给出的答案是正确的,读者应该不费什么力气就能找到。但是否可以更进一步给出一个答案确实是最小数的简单证明?

这离穷尽谜题的奥妙还早得很。最显而易见的下一步是研究其他尺寸的正方形棋盘。一阶的情形毫无价值。很容易证明,对二阶的情形,要破坏所有正方形,必须从棋盘上移走3根牙签;三阶的棋盘则要移走6根牙签。四阶情形的难度足够引起解题兴趣,四阶之后难度陡增。

组合数学家不太可能满足于此,直到他得出一个作为棋盘阶数的函数的移走牙签最少数量的公式,并且能对任何给定的阶数,至少可以有一种方法得出一个解。问题可以拓展到矩形棋盘上,要干掉所有的矩形(包括正方形),求需要移走的单位线段的最少数量。这几个问题我不知道有谁研究过。

欢迎读者在四阶到八阶的正方形棋盘上试试他的方法。在标准的八阶棋盘上(有204个不同的正方形),最小解找起来有难度。

8. 共 圆 点

5个纸质矩形(其中一个撕下一角)和6个纸质圆被扔在桌上,它们落下后的样子如图9.4所示。矩形的每一个角和每一条边相交的地方都算作一个点。问题要找出4组"共圆点":每组有4个可以被证明是落在同一个圆上的点。

图9.4 找出4组4个共圆点

例如,孤立的那个矩形的4个角(图9.4右下)构成了这样一组点,因为任何矩形的4个角显然落在一个圆上。那么其他3组呢?这个问题及下一个问题是巴尔(Stephen Barr)的发明,他是《拓扑学试验》(*Experiments in Topology*)与《趣题集锦:数学及其他》(*A Miscellany of Puzzles: Mathematical and Otherwise*)的作者,这两本书都是克劳威尔(Crowell)出版公司出版的。

9. 含毒药的玻璃杯

"数学家都是些古怪的家伙,"警察局长对他的太太说道,"你看,我们把所有那些半满的玻璃杯在酒店厨房的桌子上排成数行,只有其中一杯里面有毒药,而我们想在搜寻玻璃杯上的指纹前,知道它是哪一个。我们的实验室可以测试每个杯子中的液体,但测试需要花费时间和金钱,所以我们想尽可能地少做实验。我们打电话给大学,他们派了一位数学教授来帮助我们。他数了数杯子,微笑着说:

'随便选一个你想要的玻璃杯,局长。我们先拿它来测试。'

'但那样不会浪费一次测试么?'我问道。

'不,'他说,'这是最佳流程的一部分。我们可以先测试一个,哪个都没关系。'"

"一开始共有多少个杯子?"局长太太问道。

"我不记得了。介于100和200之间。"

杯子的确切个数是多少?(假设可以从一组杯子的每个杯子中采集一个液体小样,将这些小样混合起来,然后对混合液体进行一次测试,从而同时检测这一组杯子。)

答　案

1. 木块滚动之旅问题的解答如图9.5所示。

在问题(1)的解答中,木块只有在棋盘顶角处的两个方格中红色面朝上。在问题(2)的解答中,圆点标示了旅行开始的起点,这时木块的红色面朝下。

木块滚动之旅是一个令人着迷的新领域,就我所知,只有哈里斯进行了颇有深度的研究。可以设计的问题是无穷无尽的。哈里斯提出了两个最佳问题:怎样的折返游,可以让红色面朝上的机会尽可能多?有没有一种折返游,开始及结束时都以红色面朝

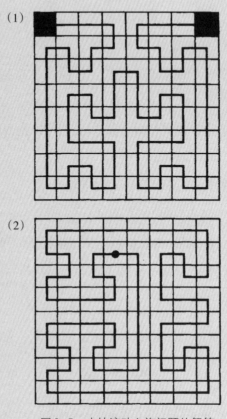

图9.5 木块滚动之旅问题的解答

上,但在旅行期间红色面始终都不朝上?你还可以创造一些问题出来,例如将不止一面涂上红色,或者将每一面涂上不同的颜色,还可以在每个面上写一个A来标记,这样面的朝向也被考虑在内。要是在棋盘上滚动一个标准骰子,以满足各种约束条件,情况会怎样?或者用一个以非标准方式编号的骰子试试?请参见《趣味数学杂志》(*The Journal of Recreational Mathematics*)1974年夏季第7期,哈里斯所著的"单空位滚动立方体问题"(Single Vacancy

Rolling Cube Problem）。

1971年惠特曼公司（西方出版公司的子公司）经销一种基于滚动立方体的新颖棋盘游戏，名称为"Relate"（相关）。这里用的是一个4×4的棋盘。棋子是4个着色方式相同的木块，每位玩家各拿2个。如果每个木块都像骰子一样编号，那么面1和面2是第一种颜色，面3和面5是第二种颜色，面4是第三种颜色，面6是第四种颜色。两个玩家的木块的区别在于，其中一个人的木块的每一面上都有一个黑点。

比赛开始时，两人轮流在某一个方格里放上一个木块，朝向随意，但要保证每个木块的顶面颜色不同。假设方格是从左到右进行编号的，一个玩家把他的木块放在了3号和4号方格，另一个玩家则放在了13号和14号方格。这些被称为玩家的起始方格。然后，两位玩家轮流把他们的一个木块滚动到正交相邻的方格里。游戏有3条规则：

（1）一位玩家的两个木块在任何情况下顶面的颜色都要不同。

（2）如果一位玩家滚动后，他木块的顶面颜色与对手某个木块的相同，那么对手的下一步，必须滚动那个颜色相同的木块到一个新的方格，使它的顶面是一种新的颜色。

（3）如果在不违反上面两条规则的情况下无法进行下一步，玩家必须把他其中一个木块转到一个不同的颜色，但是不能离开它所占据的那个方格。这也算是一步。

获胜者是第一个同时占领对手起始方格的人。如果一个木块在对手的起始方格上，但被对手逼迫走开的话，它必须走开。

我要感谢澳大利亚维多利亚州的高夫(John Gough),是他让这个游戏吸引了我的注意。正如他所指出的,这个游戏意味着,对于在方格棋盘上滚动立方体,或者在三角形棋盘上滚动四面体、八面体的游戏来说,还有很多未发掘的可能。

2. 前两句话只有K和Q的两种组合符合要求:KQQ和QKQ。后两句话只有红心(H)和黑桃(S)的两种组合符合要求:SSH和SHS。两种组合产生了4种可能性:

KS,QS,QH

KS,QH,QS

QS,KS,QH

QS,KH,QS

最后一种可能性被排除了,因为它包含两个黑桃Q。由于其他三组中每组都有黑桃K,黑桃Q和红心Q,我们可以肯定这些就是桌上的三张牌。我们无法得知每张牌的位置,但我们可以说,第一张必定是黑桃,而第三张必定是Q。

3. 要让钥匙从门的一侧转移到另一侧,先把钥匙穿过绳圈,使其如图9.6(1)所示悬挂。在点A和点B处抓住对折的绳子,并把绳圈往回拉出锁孔。这样做会从锁孔中拉出两个新的绳圈,如图9.6(2)所示。沿着绳子向上移动钥匙,穿过两个突出的绳圈。在门的另一侧抓住两根绳子,然后把两个绳圈通过锁孔拉出去,再把绳子回复到原先状态,如图9.6(3)所示。把钥匙滑到右边,穿过绳圈,这样就搞定了。

一位叫做基龙(Allan Kiron)的读者指出,假如绳子足够长,并

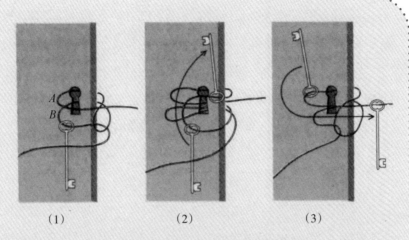

图9.6　钥匙与锁孔谜题的解答

且允许将门铰链拆除的话,那么这个难题可以通过在整个门上穿过一个绳圈来解决,好比这个门是一枚戒指。

4. 博格曼(Dmitri Borgmann),《度假用语》(*Language on Vacation*)的作者,在我心目中,是以下字谜字典问题的权威。

(1) 在常用词中,SU 很可能是最后一个条目,下面的单词是US(我们)。但是,这之后会有TTU,单词是TUT(嘘),TTUU,单词是TUTU(一种芭蕾舞短裙);TUX,单词是TUX(无尾晚礼服的缩写);ZZZZ,单词是ZZZZ(睡着了)。博格曼说,这些词都出现在由贝瑞(Lester V. Berrey)和巴克(Melvin Van Den Bark)所著的《美国俚语词典》(*The American Thesaurus of Slang*)第二版里。

(2) 第一和第二个条目分别为A和AA,单词分别是A(一,任一)和AA(一种熔岩)。第三个条目会不会是AAAAABBCDRR,单词是ABRACADABRA(胡言乱语)?

（3）最后一个由A开头的条目是AY,单词是AY(赞成票)。除非我们接受AYY,单词是YAY(一个表示"他们"的过时变体)。

（4）在常用词中,第一个由B开头的条目可能是BBBCDEE-OW,单词是COBWEBBED(布满蛛网)。在它前面则是没那么常用的BBBBBEEHLLUU,单词是HUBBLE-BUBBLE(冒泡的声音,也是一种水烟袋)。

（5）ABCDEFOL(黑体字)。

（6）本身就是一个常用词的最长条目(即一个以字母表顺序排列的单词)是BILLOWY(汹涌)。在《度假用语》中,博格曼提供了一个更长的单词:AEGILOPS(山羊草,禾本科植物的一个属)。

（7）最长的字母不重复的常用英语单词是UNCOPYRIGHTA-BLES(不受版权保护)。但博格曼提供了一些更长的创新词,如VODKATHUMBSCREWINGLY,有20个字母,意思是在伏特加的支配下使用拇指夹。他说,有史以来最长的一个创新词,是23个字母的怪物PUBVEXINGFJORDSCHMALTZY,意思是"恍若在看到雄伟峡湾时,某些人做出极端感喟的样子,而这感喟对于一个英式小旅馆的客人来说是恼人的"。

1964年,在坦珀利提议编制一部字谜词典之后不久,福莱特(Follett)出版公司出版了《Follett背心口袋字谜词典》(*Follett Vest Pocket Anagram Dictionary*),由黑特森(Charles A. Haertzen)编制。它包含了20 000个不多于7个字母的单词,并附有详实的介绍,和有用的参考书目。

《矫正器》(*Unscrambler*),一本包含了13 867个不多于7个字母的单词的字谜词典,于1973年由得克萨斯州沃斯堡计算机谜题图书馆出版。含有3200多个旧约人名的字谜词典于1955年在康涅狄格州达里恩由勒夫(Lucy H. Love)私人出版,名为《圣经人名"解码"》(*Bible Names "De-Koder"*)。对字谜感兴趣的读者会喜欢伯格森(Howard W. Bergerson)的专著,1973年多佛(Dover)出版的平装版《回文和字谜》(*Palindromes and Anagrams*)。

5. 很容易证明,对于在平面上任何有限点的集合,必定有无穷多条直线可以将这个集合恰巧一分为二。以下给出6个点的证明(如图9.7),它适用于任何有限数目的点。

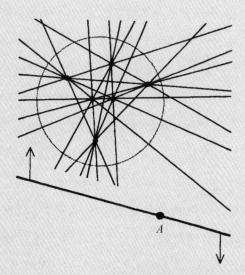

图9.7　一百万个点谜题的证明

考虑由每一对点所确定的每一条直线。选择一个新的点A,它位于一条包围所有其他点的封闭曲线外,并且不落在任何已有直线上。通过点A画一条直线。当这条直线以如图所示的方向绕点A

旋转时,它必定一次只扫过一个点。(它不能同时通过两个点;否则就意味着,点*A*在这两个点所确定的直线上。)在它扫过曲线内半数的点之后,它就把这些点分为两半。因为点*A*可以有无穷多个位置,所以这样的直线有无穷多条。这个问题基于韦尔斯(Herbert Wills)在1964年5月写给《数学公报》(*The Mathematical Gazette*)的一个简略问题。

6. 如果那位女孩的目标是尽快到达岸上逃生,她最好的策略如下。首先,她划动小船,让木筏所标记的湖中心,总是在她和岸上的男人之间,这三个点保持一条直线。与此同时,她向岸边移动。假设该男子遵循他的最佳策略,以始终相同的方向环湖奔跑,奔跑速度是女孩划船速度的4倍,女孩的最佳路径是一个以 $r/8$ 为半径的半圆,其中 r 是湖的半径。在这个半圆的终点,她将划到距湖中心 $r/4$ 处。在该点处,当她保持这一角速度,以使得与她相对的男人保持相同的角速度时,她没有多余能量可以往外逃。(假如在这段时间里,那个男人改变了方向,她也可以这样做,或者镜像反射她的路径。)

当女孩到达半圆的终点时,她直接向离岸边最近的点划去。她要划过 $3r/4$ 的距离。当她上岸时,他得奔跑 π 乘以 r 的距离来抓住她。她得以逃脱,因为当她到达岸边的时候,他才跑过 $3r$ 的距离。

然而,假设女孩不是想尽快到达岸边,而是想要到达一个离那个男人尽可能远的点。在这种情况下,她最好的策略是,在到达那个距离湖中心 $r/4$ 距离的点后,沿一条与以 $r/4$ 为半径的圆相切的直线,朝着与男人跑动方向相反的方向划船。这首先是由盖伊在《算子》(*NABCA*)杂志1961年9月第8期149—150页的《珠宝大盗》(*The Jewel Thief*)一文中给出的解答。(这本马来亚数学学会的会刊在

1961年7月那期的112页登载了这个问题的最短时间解决方法。)

　　盖伊用初等微积分证明,即使这个男人的奔跑速度是女孩划船速度的4.6+倍,女孩也总是能够逃脱的。相同的结论出现在奥贝恩尔尼(Thomas H. O'Beirne)于《新科学家》(*The New Scientist*)杂志1961年12月21日第266期的753页,以及舒尔曼(W. Schurman)和洛德(J. Lodder)于《数学杂志》(*Mathematics Magazine*)1974年3月第47期的93—95页《美女、野兽与池塘》(*The Beauty, the Beast, and the Pond*)的文章中。

　　7. 要让4×4的棋盘上没有正方形留下,需要拿走的最少单位线段数是9。完成这件事的一种方法如图9.8(1)的内部4×4正方形所示。

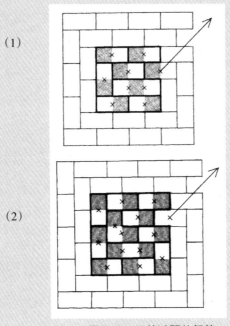

(1)

(2)

图9.8　牙签谜题的解答

为了证明这个就是最小值,请注意8个没有共同边的阴影方格;要打破这所有8个正方形的边界,至少要移走8条单位线段。同样的道理也适用于8个白色的方格。不过,只要我们选择相邻方格共有的线段,这样每移走一条线段就同时干掉了一个白色方格和一个阴影方格,即可以用相同的8条线段干掉全部16个方格。但是,如果我们这样做,没有一条移走的线段会在棋盘的外边框上,而这边界构成了最大的正方形。因此,至少要移走9条单位线段,才能干掉16个小方格,加上外边框的那一个。如该解答所示,移走这9条线段将会干掉棋盘上所有的30个正方形。

同样的论证可以表明,每个偶数阶正方形棋盘必定有一个至少等于$\frac{1}{2}n^2+1$的解,其中n为正方形的阶数。这是否能在所有的偶数阶正方形上实现?一个归纳证明如图所示。我们在4×4棋盘边界上的开放方格内放入一个多米诺骨牌,然后如图所示沿边界放一圈多米诺骨牌。这种方法为6×6棋盘提供了一个最小线段数为19的解答。再次应用相同的步骤,可为8×8的棋盘提供最小线段数为33的解答。很显然,这个过程可以无限次重复,每一个多米诺骨牌的新边界都产生一个开放方格,如图中箭头所示。

五阶棋盘上的情况很复杂,这是因为阴影方格比白色方格多一个。至少得移走12条线段,才能同时干掉12个阴影方格和白色方格。这当然会形成12个多米诺骨牌。如果剩下的阴影方格在外边框上,再移走一条线段则会同时干掉这个方格和外边框。这表明,奇数阶的正方形棋盘可能有至少等于$\frac{1}{2}(n^2+1)$的解。但是,为了实现这一点,多米诺骨牌的排列必须避免形成一个高于一阶的未被破坏的正方形。可以证明这是完全不可能做到的,因此最小值提高到了$\frac{1}{2}(n^2+1)+1$。图9.8(2)表示的是在所有奇数阶正方形棋盘上达到这个最小值的步骤。

艾伦(D. J. Allen)、布鲁斯特(George Brewster)、迪克森(John Dickson)、哈里斯(John W. Harris)和昂加尔(Andrew Ungar)是第一批画出可以推广到展示所有解决方法的单个图形的读者,而不是像我这样只找到几个适用于奇数阶和偶数阶棋盘的零散图形。

比南菲尔德(David Bienenfeld)、哈里斯、霍贾特(Matthew Hodgart)和诺尔顿(William Knowlton),在攻克相伴的创造无矩形图案的问题时,发现这个问题中的L型三联骨牌,和创造无正方形图案的问题中的多米诺骨牌起到相同的作用。对于二阶到十二阶的正方形,干掉所有矩形需要移走的最少线段数分别是:3、7、11、18、25、34、43、55、67、82、97。也许在未来某一天,我可以对新发现

图9.9　在八阶正方形棋盘中干掉矩形

的公式和算法给予评论。图9.9显示了一个八阶正方形棋盘的解。

8.如图9.10所示,在随意落下的矩形和圆的图中,3组共圆点(每组4个)用黑点表示。那个矩形的4个角已在问题陈述中提到。小圆圈中的4个点显然是共圆的。第3组共圆点由点A、B、C、D构成。要看出这一点,可以画一条虚线BD,把它想象成一个圆的直径。由于角A和角C都是直角,我们知道(根据一个熟悉的平面几何定理)点A和点C一定在以BD为直径的圆上。

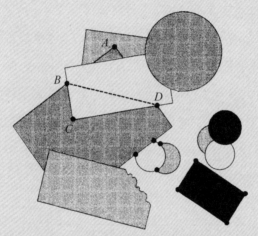

图9.10　3组共圆的点

这个问题第一次发表的时候,我只是要求找出3组共圆点(每组4个)。该问题最后比问题设计者或我所预想的结果要更好。许多读者很快发现了第4组共圆点。这4个点是:点A,紧接点A下方右侧未标注的交点,点B,以及略高于点B的未标注角。连接点B与点A下方那个点的线段,是一个圆的直径,其他两点位于圆上,因为这两个点都是对着直径的直角顶点。排除掉这第4组点的问题修改版,出现在巴尔的《趣题集锦第二辑》(*Second Miscellany of Puzzles*,麦克米伦公司出版,1969 年)中。

9. 一开始我是这样回答这个问题的:

测试任何数目的装有液体的杯子,以辨识出其中哪一个含毒药,最有效的方法是一个二进制程序。尽可能地把这些杯子平分为两组。取一组进行测试(把从这组所有杯子中采集的样品混合,并且测试混合液)。然后将含毒药的杯子所在的那一组再分为两组,并重复该程序,直到含毒药的杯子被鉴定出来。如果杯子的数目在 100 到 128 之间(包含 100 和 128),至少需要进行 7 次测试。数目在 129 到 200 之间的杯子需要进行 8 次测试。数 128 是一个转折点,因为这是 100 到 200 之间唯一的一个属于翻倍系列:1, 2, 4, 8, 16, 32, 64, 128, 256, …的数。酒店厨房里一定曾有 129 个杯子,因为只有在该情况下(我们被告知,杯子的数目介于 100 和 200 之间),最初先对一个杯子进行测试与使用最有效的测试程序没有任何差别。通过每次把杯子数目减半来测试 129 个杯子,需要进行8 次测试。但是,如果先将一个杯子进行测试,剩余的 128 个杯子只需要不超过 7 次的测试,这使得测试总次数仍然不变。

当以上答案出现后,很多读者指出,警察局长是对的,而数学家则是错的。无论杯子的数目为多少,最有效的测试程序是把它们在每一个步骤中尽可能减半,并对其中任何一组杯子进行测试。当计算概率时,129 个杯子测试的预期次数,假如遵循这个减半程序,是 7.0155+。但是,如果有一个杯子首先进行测试,预期测试次数则为 7.9457+。相差 0.930+次测试,所以警察局长认为数学

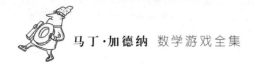

家的程序浪费了一次测试,是差不多正确的。然而,只是当有129个杯子的时候,我们貌似给这个错误找到了合理的借口,所以,在某种程度上,这个问题的回答是正确的,即使有些读者证明说,数学家的测试程序是低效的。该问题出现在巴尔的《趣题集锦第二辑》里。

第 10 章
洗 牌

洗牌是唯一一件大自然无法撤销的事。

　　　　　　　　——爱丁顿爵士

　　　　　　　（Sir Arthur Eddington）

　　　　　　　　《物理世界的本质》

　　　　（*The Nature of the Physical World*）

爱丁顿可能是错的。1964年，物理学家发现涉及基本粒子弱相互作用的某些事件，似乎并不是时间可逆的。看起来大自然只在一个时间方向上进行这些事情，除非是在宇宙中存在某些星系或区域，在那里物质不仅可以反射并伴随电荷逆转（即存在反物质），还可以往与我们所在的时间方向相反的方向演化。没有人知道这一切与宏观世界之间有什么联系，如果有的话，那就是洗牌过程提供了爱丁顿称之为"时间箭头"的唯一物理基础。

除了新发现的异常情况，所有物理学基本定律，包括量子物理学定律，都是时间可逆的。你可以把 t 前面的符号从正号改为负号，而相应的公式仍然描述了一些大自然可以做的事情。但是，当大量的对象，从分子到恒星，都做随机运动时，概率统计规律引入了时间箭头。如果气体 A 和气体 B 在同一个容器中，由隔板隔开，然后隔板被拿走，两种气体分子便混在一起，直至分布均匀。它们之后不会再度分离开来。对于分子个体来说，没有理由说明为什么不能够给出一个方向和速度，令混合过程可逆。逆向过程不会自发产生，因为发生这样一种有序性的概率几乎为零。爱丁顿认为（大多数物理学家也同意），这是掉落打碎的鸡蛋从来不会恢复原状，并跳回原位的唯一原因。概率性断言，在这样的事件中，数十亿分子的随机散开，会增加总系统的熵（一种衡量混乱程度的物理量）。受概率驱动的宇宙，只能沿着时间轴的唯一方向演化。

　　正如爱丁顿所指出的,一副扑克牌的洗牌,是大自然单向演化习惯的完美典范。准备好一副牌,使上面26张牌是红的,底下26张牌是黑的。这个情况与装有两种气体的容器的情况类似。将牌洗10次,红黑牌的顺序就被打乱了。为什么持续洗牌不能将这副牌重新整理为一半红色一半黑色呢?因为一副牌可以有52!种不同的排列方式。(感叹号是阶乘符号,表示$1 \times 2 \times 3 \times 4 \times \cdots \times 52$的结果。它是一个以8开头的68位数。)在这52!种排列之中,完整的红黑分开的排列数尽管非常大,却仍然只构成了52!中非常小的一部分,人们洗上数千年的牌也得不到它们中的任何一个。

　　关于洗牌,奇怪的一点是,洗牌一次的效率——将随机性引入有序的一副牌的能力——实际上取决于一个人手指的笨拙程度。除非这些牌以凌乱的方式落下,事实上没有达到洗牌的效果。比如说,考虑一下"过手"洗牌。将一副牌拿在右手上,左手拇指每次将若干张牌从顶部推走,数量随机。一次"完美过手洗牌",是指大拇指一次推走一张牌,完全不会破坏牌的顺序,只是将牌序颠倒了过来。第二次完美过手洗牌会恢复初始的顺序。

　　更为人熟知的是在桌面上进行的"交叉"洗牌,假如完美进行的话,同样不会达到洗牌的目的。完美交叉洗牌,对于美国魔术师而言是"法罗洗牌",而对英国魔术师而言是"编织洗牌",即每次由两个拇指之一轮流弹下一张牌。假如一叠牌包含偶数张,那么在洗牌开始之前,它必须被准确地分成两半,而如果它包含奇数张牌,则分开后的牌数必须尽可能接近一半。对含奇数张的一叠牌,数量较少的那一半(少一张牌)必须洗入数量较多的那一半,这样在洗牌完成之后,数量较多的那一半的顶牌和底牌,便成为了这一整叠牌的顶牌和底牌。对含偶数张的一叠牌,你可以选择先将任意一半的底牌弹下来。如果第一张弹下来的牌来自之前这一叠牌中的下半部分,那么之前的顶牌和底牌将会保持在原有的位置上。魔术师将这称为"外洗法”，因为顶牌和底牌保持在外面。如果第一张弹下来的牌来自之前这一叠牌的上半部分，那么之前的顶牌和底牌现在位于这叠牌的正数第二和倒数第二的位置。魔术师将这称为"内洗法"。

对含奇数张的一叠牌，假如从中间那张牌以下进行切牌的话，法罗洗牌是一次外洗法。这样做使顶牌位于数量较多的那半叠牌上，结果在洗牌后，它依然是这叠牌的顶牌。假如从中间那张牌以上进行切牌的话，法罗洗牌就是一次内洗法。这样做使顶牌位于数量较少的那半叠牌上，结果在洗牌后，它成了第二张牌。奇数张牌的内洗法和外洗法都被称为跨坐洗牌（数量较多的一半"跨坐于"数量较少的一半），这是马洛（Ed Marlo）发明的术语，他是一位芝加哥玩牌高手，写过几本关于法罗洗牌的书，并且发明了许多建立在法罗洗牌基础上的优秀纸牌魔术。

一叠 n 张的纸牌，经过一系列重复的相同类型的法罗洗牌，将会在有限次洗牌之后回到其初始顺序。如果 n 为奇数，那么这叠牌将在 x 次洗牌之后回到初始顺序，其中 x 是公式 $2^x = 1$（模 n）中 2 的指数。"1（模 n）"是指当某数被 n 除时，余数为 1。例如，如果一张百搭牌被加到一副完整的牌中，使之成为 53 张，那么这个公式变为 $2^x = 1$（模 53）。我们必须求得 x 的一个整数值，使 2^x 在被 53 除时，余数为 1。如果我们顺着 2 的幂往上（2, 4, 8, 16, 32, ⋯），直到 2^{52} 我们才会得到一个模 53 为 1 的数。这告诉我们，要恢复 53 张牌的初始顺序，需要 52 次内洗（或者 52 次外洗）。

如果一叠牌含偶数张，情况就比较复杂一点。恢复初始顺序所需的外洗次数是 $2^x = 1$（模 $n - 1$），所需的内洗次数为 $2^x = 1$（模 $n + 1$）。这有时会造成极大的差异。对于一副常规的 52 张牌而言，52 次内洗后可以恢复初始顺序。但是 $2^8 = 1$（模 51），因此只需要 8 次外洗即可做到！

表 10.1 给出了从 2 张牌到 52 张牌的情况下，恢复初始顺序所需的两种

表10.1 从2张牌到52张牌的情况下,恢复初始顺序所需的洗牌次数

纸牌数	恢复初始顺序所需的法罗洗牌次数		纸牌数	恢复初始顺序所需的法罗洗牌次数	
	外洗法	内洗法		外洗法	内洗法
			27	18	18
2	1	2	28	18	28
3	2	2	29	28	28
4	2	4	30	28	5
5	4	4	31	5	5
6	4	3	32	5	10
7	3	3	33	10	10
8	3	6	34	10	12
9	6	6	35	12	12
10	6	10	36	12	36
11	10	10	37	36	36
12	10	12	38	36	12
13	12	12	39	12	12
14	12	4	40	12	20
15	4	4	41	20	20
16	4	8	42	20	14
17	8	8	43	14	14
18	8	18	44	14	12
19	18	18	45	12	12
20	18	6	46	12	23
21	6	6	47	23	23
22	6	11	48	23	21
23	11	11	49	21	21
24	11	20	50	21	8
25	20	20	51	8	8
26	20	18	52	8	52

法罗洗牌法的洗牌次数。请注意,对含奇数张的一叠牌,这两种洗牌法的所需次数始终相同,而且与多一张牌的外洗法的所需次数相同。对含偶数张的一叠牌,外洗法的所需次数与少两张牌的内洗法的所需次数相同。这反映了一个事实,即在外洗法中,顶牌和底牌永远不会被干扰,因此你事实上仅仅是将剩余的牌进行了内洗法。

由于要进行完美交叉洗牌非常困难,即使是笨拙地操作也很难(只有熟练的玩牌高手可以完成一次纯正的洗牌),我们可以通过逆转时间并将法罗洗牌反过来进行,从而最佳地验证这个表格是否准确(完美洗牌是很容易还原的)。纸牌魔术师将这种练习称为"逆向法罗洗牌"。如图 10.1 所示,简单地展开一叠牌,(按上图的虚线)间隔地将牌从牌叠中轻轻推出来。练习之后,你可以迅速完成它。在间隔的牌都被如此推出之后,将伸出的那一半牌拿走,并将一叠牌放在另一叠上。如果你让顶端的牌仍留在顶部,那么你就完成了一次"外分类"。如果顶端的牌进入了牌叠内部,你就完成了一次"内分类"。每一种操作很显然是对应的法罗洗牌的逆转。

现在,要验证表格的任何部分,都是一件简单的事情了。因为如果 n 次某种特定类型的法罗洗牌会让牌的顺序回归初始状态,那么 n 次逆向法罗洗牌的效果也相同。

最好使用按顺序排列的牌面朝上的牌叠进行试验,这样你就可以看到,在每次分类中,模式是如何变化的。比如说,观察偶数次分类可以恢复初始顺序的特定情况,在一半的分类过程完成之后,这些牌正好以相反的顺序排列。试试 10 张点数从 A 到 10,并按顺序排列的牌。10 次内分类将恢复其初始顺序,但在 5 次内分类以后,牌会变成相逆的顺序。类似地,52 张的一副牌,在 26 次内分类之后,也让顺序逆了过来。还可以注意到一个奇怪的事实:每一次内分类之后,52 张牌中的第 18 和第 35 张牌就交换了顺序。

153

图10.1 逆向法罗洗牌技巧

　　埃尔姆斯利(Alex Elmsley)是英国的电脑程序员,也是一位能力出色的纸牌魔术师,他是首批从一位魔术师的角度来探索法罗洗牌中错综复杂的数学问题的人之一。在1957年发表于加拿大魔术杂志《同前》(*Ibidem*)的一篇文章中,他描述了自己是如何想到一个了不起的公式的。早前他曾发明了术语"内洗法"和"外洗法",并且在他的笔记中将其缩写为"I"(表示"内部")和O(表示"外部")。他首要的问题之一,是要确定以什么顺序运用内洗法和外洗法,可以让一叠牌的顶牌到达任意想要的位置。比如说,假设一位魔术师使用一副完整的52张牌,他希望通过法罗洗牌,将顶牌移到第15张的位置。埃尔姆斯利通过试验发现,这可以由以下顺序的法罗洗牌来完成:IIIO。他立刻发现,这也可以通过将14写为二进制数来得到,而14是那个想要到达的位置之上的纸牌数量。

　　这并不是巧合。一叠牌无论有多少张,也无论是含奇数张还是偶数张,以下程序始终有效。将你想把顶牌移到的位置值减1。将结果表示为一个二进制数,你就有了内洗法和外洗法的正确顺序,可在尽可能短的时间内将那张顶牌洗到那个位置。

　　如果一叠牌有偶数张,还有一个额外的好处。每进行一次法罗洗牌,上半叠牌中纸牌的向下移完全是下半叠牌中纸牌的向上移的镜像。若从顶部数起的第 n 张牌移到了从顶部数起的第 p 张,那么从底部数起的第 n 张牌会移到从底部数起的第 p 张。在同一次洗牌中,若顶牌向下移了15个位置,那么同时会将底牌向上移15个位置。如果一副52张的纸牌,排列成上半叠的每张牌与下半叠相同位置的牌的点数与颜色相同,那么这种匹配不会因任何类型的法罗洗牌进行了任意多次而被破坏。魔术师将之称为"保留牌叠"原理,这是由该原理的发现者,以鲁斯杜克(Rusduck)为笔名的一位纸牌魔术师[①]命名的。许多精彩绝伦的纸牌效果都是基于这个镜像原理。

---

① 他是费城的杜克(J. Russell Duck),创办了魔术期刊《纸牌大师》。——译者注

读者可能会乐于通过另一种时间逆转来验证埃尔姆斯利的公式,即在任意数量的一叠纸牌中,使用内分类和外分类,将任意位置的牌移到顶部。将该位置的值减1,将结果表示为一个二进制数,然后反向循着二进制数字的顺序,进行内分类及外分类。在前面的例子中,要把第15张牌洗到顶部,就将14写成1110。进行了三次内分类后再进行一次外分类,会将那张牌带到顶部。如果这叠牌有偶数张,那么从底部数起的第15张牌同时会来到这叠牌的底部。

镜像原理并不适用于有奇数张的一叠牌,但是有一些更令人惊讶的事情发生。使用包含A、2、3、4、5、6、7、8和9这9张的一叠牌,可以很容易理解这一点。将这些牌按顺序排列,牌面朝上,A在顶部。将其设想为一个循环的顺序,顶牌与底牌像一条闭合的链条一样首尾相接。如果你切一次牌,例如产生6、7、8、9、A、2、3、4、5,我们可以称它为相同的循环顺序。表10.1显示,一叠9张牌在6次外分类或内分类之后,会回到初始顺序。不过,现在你在各次分类之间,随意地切几次牌。进行一次或几次切牌,然后进行一次分类,再多切几次牌,进行另一次分类,始终这么做,直到你完成这6次分类。此外,你可以任意混用内分类与外分类。第六次分类后请检查纸牌。它们会形成同样的循环顺序!这适用于任何有奇数张的一叠牌。任意选择外分类或内分类,并与任意次数的切牌相混合,在所需次数的分类之后,可以恢复到初始的循环顺序。

在9张牌被恢复到初始顺序的过程中,会经过其他5种状态,每一种都有自己的循环顺序。这些其他状态下的循环顺序也没有被切牌干扰;只是依据哪一张牌位于顶部而以不同的循环排列方式显示出来。由于这叠牌的6种状态各有9种不同的循环排列方式,因此可以通过切牌与分类的混合方式获得的9张牌的排列方式不多于$6 \times 9 = 54$种。这仅仅是9张牌可能的$9!=362\,880$种排列方式中的一小部分。

　　由于分类是法罗洗牌的时间逆转过程,这一切同样适用于含奇数张牌的法罗洗牌。戈洛姆在他题为"切牌和洗牌产生的排列"(Permutations by Cutting and Shuffling)的论文中,证明了将切牌与内洗法或外洗法混合起来,含偶数张的一叠牌可以达到任何一种可能的排列。但对于任何一叠多于3张的含奇数张的牌而言,仅可获得其中一小部分可能的排列。随机切牌和法罗洗牌可以在一副52张的纸牌里引入完全的随机性,因为52!种可能排列中的每一种都可以达到。但是从这副牌里拿走一张,剩下51张牌,那么任意次数及任意混合的法罗洗牌和切牌,在51!(这是一个67位的数)种可能的排列中只能达到不多于 $8 \times 51 = 408$ 种的排列。

　　弗农(Dai Vernon)是美国最顶尖的纸牌魔术师之一,他以奇数张牌的这种循环性质为基础,得出了一种容易表演的魔术。将20张牌拿给一名观众,再加上一张百搭牌。你背对着他,让他进行洗牌,将那张百搭牌插入牌叠,并要他记住夹住百搭牌的那两张牌。你回过身来,从他手里拿走这21张牌,全部面朝下。进行一次逆向法罗洗牌(可以是内分类也可以是外分类,并没有区别),然后让他切牌。再进行一次逆向法罗洗牌,两种类型都可以,再叫他切一次牌。现在将牌展开成扇形,并且将这些牌竖直拿起,这样观众可以看见牌面,但你看不到。让他拿走百搭牌。将牌叠从百搭牌所在的位置分成两组,然后将两组牌交换位置叠在一起。换句话说,你以百搭牌所在的位置进行了一次切牌。不过请不要让大家注意到这件事。对观众而言,这看起来应该像是你仅仅将纸牌再次叠放在一起,似乎和百搭牌被拿走之前一样。

　　你现在持有20张牌,这是一个偶数。进行两次外分类和一次内分类。将这副牌放在桌子上。让观众说出那两张选定的牌。给所有人看这一叠牌的底牌。它是这两张牌的其中一张。再将顶牌翻过来,它就是另一张牌。

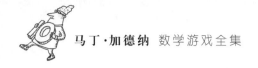

法罗洗牌只是许多简单、形式明显的洗牌类型中的一种,可以反复应用在一叠牌上,产生不同寻常的结果。现在让我们来概括和定义什么样的变换是一次"洗牌",无论是有模式的还是没有模式的。我们可以制作一个表来确定洗牌的结构,比如下面这个对五张牌进行洗牌的表:

1—3

2—5

3—1

4—2

5—4

该表显示,第一张牌移到位置3,第二张牌移到位置5,等等。同样的洗牌可以用箭头表明,如图10.2。这些箭头的放置不需要任何模式。模式可以是完全随机的,仿佛这些纸牌被放在一个筒中摇动,然后一次取出一张以形成一叠新牌。

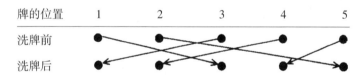

图10.2 对五张牌进行一种随机模式的洗牌,它有一个6次洗牌的循环

假设如表或如图所示的同一个洗牌过程被反复应用到一叠 n 张的纸牌上。这最终会打乱牌的顺序吗?不,不会的。无论洗牌的模式是什么,纸牌只是经过一系列中间状态,这些状态没有两种是重复的,直至回到初始顺序,然后重复这个循环。如果一叠牌包含超过两张纸牌,没有一种洗牌方式会在重复洗牌过程中出现所有可能的排列。比如说,3张牌有3!或者 $1 \times 2 \times 3 = 6$ 种可能的顺序。不可能设计出一种洗牌方式,在重复洗牌过程中需要6步来完成一个循环。最长的循环是3步。

这给出了一个困难而有趣的问题。想象一下，一副52张的牌被放在一个洗牌机里，不断重复着同一个洗牌过程。你看不到机器内部，所以你对洗牌模式毫无概念。每完成一次洗牌，都会响一次铃。当你可以绝对肯定地说初始顺序至少回归过一次的时候，最少的响铃次数是多少？换句话说，52张牌的重复洗牌的最长周期是多少？

补　遗

在讨论以重复的模式洗牌时，我在没有证明的情况下就断言，一叠牌在经过一定次数的洗牌之后，必然会回到它的初始顺序。一些读者想知道，为什么不可能存在一种洗牌模式，让一叠牌进入一个永远回不到初始顺序的"怪圈"。

以下是这一点不可能发生的原因。当一叠牌被反复地进行同一种洗牌过程时，它经过一系列的状态：a、b、c、d、e……比如说，当对状态b进行洗牌时，必然产生状态c。换句话说，状态c只能经由对状态b进行洗牌而得到。由于一叠牌的状态数量有限，所以它必然会回到它的初始状态，除非在这条线路的什么地方它回到了一个并非a的状态。显然，这是无法做到的。比如说，不可能不回到状态c就回到状态d（因为状态d只能由状态c产生），而且不可能不回到状态b就回到状态c，以及不可能不回到状态a就回到状态b。这条链只能通过回到状态a来形成循环。

同样的道理适用于对之实施一系列n次洗牌的任何一叠牌，每一次洗牌使用一个不同的模式，并确保这一洗牌系列完全重复地进行。假设对一叠牌实施3种不同的洗牌a、b、c，并且重复进行：abc、abc、abc……每一组3次洗牌会以相同方式将牌叠从一个状态改变为另一种状态，这样一组3次洗牌相当于1次单一的洗牌。

也很容易证明，若实施相同类型的重复法罗洗牌，并设恢复初始顺序所需的最少洗牌次数为x,则对于每一个x,只有有限数量的牌叠会在x次洗牌后回到原始状态。比如说:只有含牌数为4、5、6、14、15和16的牌叠,需要最少4次洗牌以恢复初始顺序(对5、6、15、16张牌的情况是4次外洗法,而4、14张牌的情况是4次内洗法)。读者可能会有兴趣研究出一个程序,来确定所有可以由最少x次同类法罗洗牌来恢复初始顺序的牌叠的张数。

最早提到法罗洗牌的书之一,是马斯基林(John Nevil Maskelyne)关于纸牌作弊的书《升号和降号》(*Sharps and Flats*,1894年),在书中它被称为"法罗庄家的洗牌"。乔丹(Charles T. Jordan)在《30个纸牌之谜》(*Thirty Card Mysteries*,1919)中,第一个以魔术师的身份对洗牌怎样可以应用到纸牌魔术上进行了认真思考。然而,直到1950年代后期,纸牌魔术师才开始认真掌握洗牌技巧,并深入开发其可能性。"交织出现的完美法罗洗牌的轻柔呼呼声,可以在整个魔术表演过程中清晰地听到。"布朗(John Braun)在他为斯温福德(Paul Swinford)的《法罗幻想》(*Faro Fantasy*,1968年)所作的序中如此写道。

在纸牌魔术师的每一次聚会上,你都会发现有法罗爱好者急于展示自己的最新创作。你也会发现有些玩纸牌的行家,虽然有能力进行高超的法罗洗牌,但在与外行人娱乐的任何时候,都避免所有的法罗洗牌技巧。"我的一位朋友拿起一叠扑克牌,然后说他将向我展示一种法罗洗牌技巧,"顶尖纸牌魔术师米勒(Charlie Miller)写道,"我掏出一把枪,向他射击。"

魔术师已经发现了法罗洗牌的许多出人意料的性质。让我仅举一个实例。拿一叠32张(2的任意次幂都可以)的纸牌,其中含4个A。把一张黑色的A放在顶部,另一张放在底部。把一张红色的A放在从顶部数起的第n张的位置,另一张则放在从底部数起的第n张的位置。不妨设$n=7$。将从顶部数起第7张的A翻成面朝上。现在进行五次逆向法罗洗牌,每次将含有翻转的A的那一半牌放置在顶部。请确保完成所有的5次洗牌,即使翻转的A在少数几次法罗洗牌中回到顶部。当操作完成时,红色的A将会处在顶部和底部,而黑色的

A会移动到由顶部和底部数起的第7位!

数十种优秀的纸牌戏法都利用了此原理。比如说,让一个人对一叠16张的牌进行洗牌,然后给你。偷偷地看一眼顶牌,并且记住它。将这叠牌打开成扇状,让观众可以看见牌面。让那个人选择任何一张牌,记住它,并且记住从顶部数起它所在的位置。进行4次逆向法罗洗牌,将牌拿在手里,在你把一半牌轻轻推动出来之后,他可以看见牌面。在每次拿走一半牌之前,让他告诉你他的牌在哪一半。将那一半放到顶上。在结束的时候,问他记住的那张牌的名称,然后将顶牌翻转过来,显示这个分类过程将他选择的牌带到了顶部。

说你愿意重复这个过程,但是这一次,你不会要他提供任何信息。你背过身去,让他看现在位于之前他选择的牌所在位置上的牌。当然,你早就知道这张牌是什么,当它在顶部的时候,你就偷偷看过了,但他没有理由怀疑你知道。将牌叠拿回来,然后进行4次逆向法罗洗牌,这次让牌面朝你,不问任何问题。每次拿走一半牌时,将含有他的牌的那一叠放在顶部。将牌叠理齐,问他第二次选择的牌的名称,然后将顶牌翻开。他没告诉你任何事,但这个戏法依旧成功了。

我之前说到镜像(或保留牌叠)原理不适用于奇数张牌,是不完全正确的。马洛写信来指出,一叠53张的牌,顶牌或底牌为百搭牌,你想进行多少次跨坐式法罗洗牌都可以(使用任意一种跨坐式法罗洗牌),并且可以在洗牌中间进行任意次切牌。如果现在百搭牌被切回顶部或者底部,你会发现,忽略掉百搭牌的这叠牌,保留了镜像性。马洛、查尔斯·哈德森(Charles Hudson)及其他纸牌玩家已经设计出了许多在53张纸牌上应用镜像原理的非同寻常的纸牌戏法。

我解释了怎样用法罗洗牌把顶牌移动到任何想要的位置,以及如何利用逆向法罗洗牌,将任意位置上的牌移动到顶部。用标准法罗洗牌将牌从任意位置移动到顶部的逆问题(或者用逆向法罗洗牌将顶牌移动到任何想要位置

的对应任务)分析起来要难得多。据我所知,还没找到任何简单的公式或方法,能够以最少次数的洗牌来完成这一点。有人提出过一些尝试,将不同类型洗牌方式混合起来形成高效算法,但是问题离圆满解决还尚早。

愿意冒险进入法罗纸牌魔法世界的读者,会找到有关的参考书。24张牌的两种法罗洗牌(内洗法和外洗法)在群论中有一个令人惊讶的应用。它们产生了12个字母的马蒂厄排列的一个简单构造。

答　案

比假设每一次都完全重复同一个洗牌模式,在52张的一副牌回到初始顺序之前,最大的重复次数是多少?最佳的解答,首先考虑如图10.3所示的6张牌的随机洗牌。仔细对它进行研究,你会发现,它可以被分解为一些子集,每个子集都有独立的周期。在位置3的纸牌会去位置3,于是它形成了周期为1的一张牌的子集。在位置1和5的纸牌互相交换,形成了一个两张牌的子集,在2次洗牌之后回到初始位置。在位置2、4和6的纸牌在一个子集之中,这个子集会在3次洗牌之后回到初始顺序。因此,我们有长度分别为1、2和3的3个周期。很明显,在经过1、2、3的最小公倍数即6次

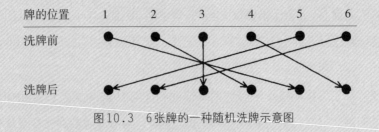

图10.3　6张牌的一种随机洗牌示意图

洗牌之后,整叠6张牌会回到它们的初始顺序。每重复一次洗牌,所有的牌叠,当重复地接受一种洗牌时,会分解为这样的一些子集,其中每一个子集的周期长度等于它的纸牌数。要找到一整叠n张纸牌的牌叠的最长周期,我们测试每一种将n划分为子集的可能方式,看看哪一种划分方式能够使其子集给出最大的最小公倍数。在6张牌的情况下,有11种不同的划分方式:

1 1 1 1 1 1	3 3
1 1 1 1 2	1 1 4
1 1 2 2	2 4
2 2 2	1 5
1 1 1 3	6
1 2 3	

最小公倍数最大的子集是子集1、2、3和子集6,它们的最小公倍数都为6。我们总结出,对6张牌的洗牌,在准确地重复进行的情况下,在恢复初始顺序之前不可能有比6更长的周期。

52张的一副扑克牌有那么多不同的划分方式,必须走捷径来找到使其子集有最大的最小公倍数的那些划分方式。这里没有篇幅进行详述;我只能向读者推荐W. H. H. 哈德森(W. H. H. Hadson)在《教育时报重印本:第二卷》(*Educational Times Reprints: Volume* II,1865年)第105页上的文章,其中,这个问题首次得到解决。52张牌的划分中,没有一种划分:使其子集的最小公倍数大于180 180;因此,对52张牌进行的洗牌不可能有长于180 180的周期。这种划分的一个例子,是1、1、1、4、5、7、9、11、13。读者应该没有困难地用示意图表示出对52张牌的一种洗牌,以及对应于这个划分中各个数的子集。这种洗牌在重复了180 180次后,将把这叠牌回归到它的初始顺序。

这里数180的有趣重复可由以下事实说明:划分中的7、11和13的乘积为1001,而划分中其余的数的乘积为180。任意三位数 abc 与1001相乘,乘积为 $abc\,abc$。只含单张纸牌的子集,显然在洗牌过程中没起到任何作用。由此,我们可以总结出,含49、50或51张牌的牌叠,同样也有最长为180 180次重复的洗牌周期。在一副牌上添加一张百搭牌,就使得最长周期提高到360 360。最近关于该问题的讨论,其中引用了更早的文献,参见1972年10月《美国数学月刊》(American Mathematical Monthly)第79期第912页的"迷失于洗牌"(Lost in the Shuffle)中问题E2318的解答。

有别于求对52张纸牌重复洗牌的最长周期,我们来问一个不同的问题。假设无法让机器逆向运转以"撤销"一次洗牌。我们给了它一副52张的纸牌,顺序未知,然后机器对它洗了一次牌,洗牌的性质也未知。若用同样模式的洗牌,我们必须让机器再进行多少次洗牌,才能确定我们已使这副牌回到了初始顺序?

麦克米伦(Edwin M. McMillan)和阿斯代尔(Daniel Van Arsdale)两位读者分别询问、解答了这个问题。保证能恢复初始顺序的最短周期,是1至52的所有数的最小公倍数。这个数是11 × 13 × 17 × 19 × 23 × 25 × 27 × 29 × 31 × 32 × 37 × 41 × 43 × 47 × 49。将这个非常大的数称为 N。如果现在让机器重复洗牌 $N-1$ 次,那么我们可以肯定,这副牌已经回到了它的初始状态。

附 记

第2章
硬 币 谜 题

关于等距跳棋,我可以找到的唯一出版时间早于我的《科学美国人》1966年2月专栏的参考书目,就是一本1930年由罗尔博(Lynn Rohrbough)主编的小册子《趣题技巧》(*Puzzle Craft*),该书由俄亥俄州德拉瓦市的合作娱乐服务出版社出版。书中描述了一个有15个孔的三角形棋盘,初始"空"在位置13,有一个11步的解法。不过,讲述器具型谜题的《老谜题、新谜题》(*Puzzles Old and New*)的合著者斯洛克姆(Jerry Slocum),他手头有一份三角形棋盘的1891年美国专利复印件,所以这个想法的出现可能比那个时间还要早一些。

关于涂色方法,或者通常所称的"奇偶校验",已经有好几篇文章发表了,它们能证明某些跳棋任务是不可能完成的,但是目前还没有一种理论,能将所有任务划分为可能和不可能两类。15个孔的三角跳棋受到了热烈追捧,一般使用木棋盘和棋子的形式,出现在美国各地许多连锁餐厅的餐桌上。而等距跳棋的几种形式在世界范围内有销售。

最近的一个版本称为"考虑一次跳跃",与一个每条边含四个孔的六角形棋盘捆绑在一起销售,但是每条边中间两个孔之间的跳跃线被抹去。奇偶校验显示,当"空"出现在中间的孔以及其他12个位置上时都不可能完成这个任务。除了这13个不可能的"空"之外,所有其他的位置都是可行的——即,可以只留下一个棋子没有被拿走。《老谜题、新谜题》给出了另一个版本(含解答),它基于有15个孔的三角形棋盘,并在每个转角处增加了两个额外的孔。

当然,跳棋游戏可以在任意形状的等距图形上玩,例如六边形、菱形、星形等等。它还适用于三维情况,比如在四面体这样的立体图形上玩。边长为3的正六边形是一个值得分析的形状,但是麦钱特(Michael Merchant)1976年(在私下交流时)指出,这个图形在任何孔上都是无解的。能够以一个棋子停在初始"空"为结束的最小正六边形,是边长为5的有61个孔的棋盘。事实上,对于每个n,此棋盘从位置n到n的解答都存在。

这个谜题可以通过改变规则来变形。布鲁克在他关于硬币谜题的书中,对15个孔的三角跳棋问题附加了一个条件,即除了沿着基准线以外,不允许任何水平方向的跳跃。(他给出了一个12步的解答。)也可以像中国跳棋中那种,除了跳跃外还允许滑动,可能会找到最少步数的解法。《数学难题》(*Crux Mathematicorum*)1978年第4期212—216页的一篇文章,在允许从任意角上的孔往相对一侧中间的孔跳跃的情况下,对15个孔的三角跳棋作了分析。

在传统规则下,关于低阶三角形已经进行了大量研究,以确定当起始和结束位置都指定时,哪些情况下有解。正如我们所看到的,关于有10个孔的三角形,唯一可能的解答是开始于对称等效位置2,3,4,6,8,9中的一个,并且以最后一个棋子停留在相邻的侧边上的孔为结束。

15个孔的三角形只有4种对称性不同的位置,例如1,2,4和5。从棋盘上的任意位置开始,把棋子减少到1个都是可能的,但是当起始和结束位置都指定了的时候,任务就困难了,有些问题仍然未解决。亨策尔兄弟在论文"三角跳棋谜题"(1985—1986)中证明,如果最后一个棋子是落在一个内部的位置(5,8或者9),那么初始位置必定是在某一侧边的中间。因此,对于内部3个位置中任一个孔,不可能让棋子最后落在初始位置上。从任意外部的同一位置,开始并结束游戏都是可能的,角上的位置则最难解答。

对于以一个外部中间位置为起止点的任务,我给出了一个步数最少的9步解答。对于以一个角上的位置为起止点的任务,则需要10步。这里有一个解答:6-1,4-6,1-4,7-2,10-3,13-4,15-13,12-14-15,2-7,11-4-6-1。当起始和结束位置是一个角上的相邻位置时,你只要将第一步改为3-10,就获得了一个10步的解答(最少步数)。

施瓦茨和阿尔伯格(Hayo Ahlburg)在1983—1984年的论文"三角跳棋——一个新的结果"中,对于给定起止位置的可能解答,发表了完整的分析。许多成对的位置,例如位置4到6,很容易通过对棋子涂色校验排除掉。作者证明了,位置5到5是不可能的。位置5到1和5到7的情况(以及它们的等价对称情况)仍然未解决,并且极有可能是无解的。

1984年,我在一个餐厅吃饭,那里有一个由乔治亚州道尔顿创业制造公司生产的有15个孔的三角形棋盘,给出了一个我以前未曾见过的恼人问题。题目是从任意位置开始,直到棋盘上恰好留下八个棋子,再也无法跳跃。很容易留下10个棋子:14-5,2-9,12-5,9-2(最短的僵局)。如果 n 是在一个僵局里剩下的棋子数量,它的值可以是除了9以外1到10之中的任意一个。要刚好留下八个棋子,是一个难解的题目,我把这个问题留给读者来解答。施瓦茨在《趣味数学》杂志上发表的一篇论文中证明,这个解决方法是独一无二的。

有21个孔的三角形棋盘有五个不等价的起始位置。从任意起始位置开始都有解答。戴维斯在尚未发表的研究中,证明了最短的解答是9步。这里有一个解答,以位置13为起始,并且以清扫棋盘的九连跳结束:6-13,7-9,16-7,4-11,10-8,21-10,18-9,20-18-16-7,1-4-11-13-15-6-4-13-6-1。所有从其他起始位置开始的解答最少都需要10步。就我所知,对没有因奇偶校验而被排除的起止位置,已发表的著作中还未对哪些情况下有解答进行过研究。

除进行奇偶校验外,对于28个孔的三角跳棋也有少量其他研究。起始并终止于中心位置是不可能的。事实上,可以证明,对于一个有中心位置的任意大小的三角形棋盘,都不存在从中心到中心的解答。

戴维斯与菲尔波特合作证明了,36个孔的三角跳棋从任何起始位置开始都有解,并且最小的解答步数是14步。这里是戴维斯的其中一种14步解答,起始位置是13:6-13,1-6,10-3,21-10,36-21,4-1-6-15-28,19-10,11-4-6-15,22-11,31-16-7-9,32-19-8-10-21-19,24-11-13-24,34-36-21-34-32,29-31-18-20-33-31。

在36个孔的三角跳棋游戏中,可能的最大清扫棋盘连跳数是15。戴维斯证明,以位置1为起止,以下17步的解答可以实现这样的连跳:4-1,13-4,24-13,20-18,34-19,32-34,18-20,30-32-19-8,7-2,16-7,29-16,15-26,35-33-20,6-15,21-10,36-21,1-4-11-22-24-11-13-4-6-13-15-26-28-15-6-1。

一些读者指出,在硬币滚动问题的实验中,25美分和10美分的硬币都比1美分的硬币更适合,因为它们被轧出的花边可以防止打滑。这里有一个可以进行探究的有趣变化。当一枚硬币绕着一条闭合的硬币链转了一圈,并且允许硬币链中的每枚硬币为任意大小时,该用什么样的定理来计算该硬币的自转次数?

读者叶(Jonathan T. Y. Yeh)和德鲁(Eric Drew)分别注意到,在硬币的那一章中,对于10枚硬币的植树问题的所有六种解答,都可以用一个基本图形和一条移动的直线生成。图A1表明,一条移动的水平线是如何产生五种图形的。第六种图形则可以通过将第二个图形中的一条实线倾斜成图中的虚线而获得。

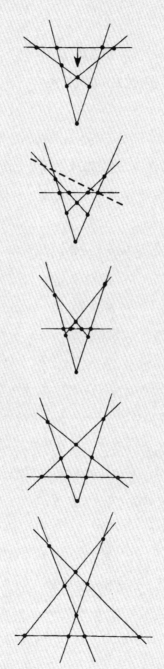

图A1　移动的直线如何生成六种10枚硬币植树问题的解答

第3章

阿列夫0和阿列夫1

在第3章"阿列夫0和阿列夫1"中提到康托尔的超限数时,我摘录了施莱格尔在稳恒态理论下的矛盾论述,而未对其作评价。一些读者发现他的论述是荒谬的,尤其是在原子经过可数的无穷次倍增之后,宇宙将会包含不可数的无穷个原子这一概念。对于这个异议的具体内容,参见拉克(Rudy Rucker)的《无限与心灵》(*Infinity and the Mind*,1982年)第241—242页。

第4章

超立方体

我在第4章中留下了两个超立方体问题,其中一个已经被解决了。特尼(Peter Turney)在他1984年的论文"展开那个超立方体"中,应用了图论来说明,有261种不同的展开方法。他的方法很容易扩展到任意维度的超立方体上。据我所知,在可以放入一个四维超立方体中的最大立方体这个问题上,还没有任何已发表的文章。尽管我一直收到回答,却没有哪两个答案是一致的。

第5章

幻星和幻多面体

1989年初,射影平面上了头条新闻,当时,蒙特利尔的拉姆(Clement Lam)用一个很长的运算过程,证明了有11个点在一条直线上的射影平面

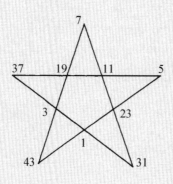
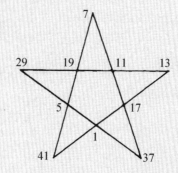

图A2

是不存在的。对于点的排列来说，这是一个非常大的新闻。然而，由于我关于幻星的文章登在了《科学美国人》上，关于超过8个点的幻星的文章几乎没什么人有兴趣发表。关于五角星，我们可以求出以不同素数构成的幻星上的数之最小和。朗曼在《玩数学》里声称，如果1被看做是一个素数，则72是最小总和，但他没有给出解决方案。特里格(Charles Trigg)在《数学难题》(1977年第3期，第16—19页)里，证明了只有两种基本解决方案，如图A2所示。特里格在同一期的第5页上证明，任意五角幻星能以12种方式进行重新排列，而不会失去幻性。

哈里·尼尔森(Harry Nelson)同一期杂志第67页上对他用计算机穷举搜索的结果进行了报告，他发现，如果不将1看作素数，那么解答该问题有一套唯一的10素数组合，幻星上的数之和为84。12种排列方式之一如图A3所示。

日本秋田的幻方专家阿部乐方(Gakuho Abe)，在《趣味数学杂志》(*Journal of Recreational Mathematics*，1983年第16卷第2期，第84页)上发表了一个非凡的素数六角幻星，如图A4所示，它使用了从137到193的12个连续素数，幻星上的数之和为660。

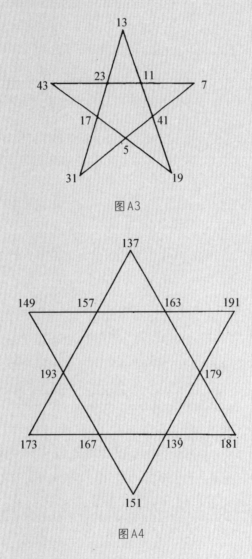

图A3

图A4

　　由整数1到12构成的六角幻星有80种基本模式,对它的一个早期证明(也许是最早的一个)是由联邦德国的蒂尔(Von J. Christian Thiel)寄给我的。他的证明以标题"论幻星"(Über magische zahlensterne)发表于德国期刊《阿基米德》1963年9月第15期,第65—72页。

172

责任编辑　卢　源　李　凌
封面设计　戚亮轩

马丁·加德纳数学游戏全集
幻星与超立方体
【美】马丁·加德纳　著
楼一鸣　译

上海科技教育出版社有限公司出版发行
（上海市闵行区号景路159弄A座8楼　邮政编码201101）
www.sste.com　www.ewen.co
各地新华书店经销　常熟市华顺印刷有限公司印刷
ISBN 978-7-5428-7238-8/O·1105
图字09-2013-854号

开本720×1000　1/16　印张11.75
2020年7月第1版　2024年7月第5次印刷
定价：40.00元